黄河水网

刘东禹　著

上海文化出版社
中西書局

图书在版编目(CIP)数据

黄河水网／刘东禹著．—上海：上海文化出版社，2016.10
ISBN 978-7-5535-0633-3

Ⅰ．①黄… Ⅱ．①刘… Ⅲ．①调水工程—研究—中国 Ⅳ．①TV68

中国版本图书馆CIP数据核字(2016)第231597号

黄河水网

刘东禹 著

项目统筹	林 斌
责任编辑	林 斌 毕晓燕
装帧设计	梁业礼
出 版	上海文化出版社 中西書局(www.zxpress.com.cn)
地 址	上海市绍兴路7号(200020)
发 行	上海世纪出版股份有限公司发行中心
经 销	各地新华书店
印 刷	凯基印刷(上海)有限公司
开 本	787×1092毫米 1/16
印 张	10
版 次	2016年10月第1版 2016年10月第1次印刷
书 号	ISBN 978-7-5535-0633-3／TV.001
定 价	140.00元

前　　言

南水北调的中线，从丹江口水库调汉江之水，流经湖北 、河南、河北，终点是北京的团城湖，一般简称为“中线调水”。

中线调水是南水北调的核心，也是构建中国水网的核心。中线调水意义重大，是重新布局中国水网的关键性工程。

中线调水工程已于2014年年底完工，2015年正式开始调水，但调水量只有20多亿立方米，而当初设计的每年调水量是100多亿立方米。调水量低，是因为汉江的流量每年原有600亿立方米，而现如今只有400亿立方米，今后还可能进一步减少。

调水，就要调优质水，这是最重要的，是首要目标。汉江水质优于二类水，而长江三峡的水质低于二类水标准。

尽管汉江水是优质水，但只是夏季有水，其他季节无水可调。中线于夏季从汉江调水入京，因水库没有足够的库容储水，只能将水从团城湖调入怀柔水库和密云水库。团城湖海拔51米，怀柔水库海拔60米，密云水库海拔146米，所以，整个调水过程只能采用扬水的办法，即将水从海拔较低的团城湖，抽到海拔较高的怀柔水库和密云水库。从团城湖向怀柔水库和密云水库夏季输水的计划是：

怀柔水库2.5亿立方米，密云水库2.5亿立方米。采用这个办法费用高，从而也造成了高水价，百姓难以承担。

事实上，北京夏季不缺水，中线沿途各省市夏季也不缺水，缺水是在其他季节，尤其是春季。

解决上述难题，可以采取以下的几种办法：

一是建造汉江九级水库。汉江上游，从海拔600米的新铺开始，地势缓缓下降，至丹江口水库，海拔仅为150米。两地之间相距约500千米，如果每50千米建造一个水坝，则可建九级水库。假设每个水库坝高20—40米，则可蓄不少于150亿立方米的水。汉江左岸是秦岭，右岸是大巴山，只要水坝建造牢固，就不会发生水灾。夏季，汉江九级水库蓄水，待夏季之后，向中线按需放水，即可使优质的水源源不断地输入北京。如果汉江水量不足，还可通过隧道（“大西线水网”中的1号线），从雅砻江上游和大渡河上游调水补充。

二是建造一条调水隧道（“大西线水网”中的9号线），连通长江三峡水库和丹江口水库，以保证汉江下游和黄河下游永不缺水。

三是用隧道（本书称之为10号线）连通中线和东线，将汉江优质水从中线调入东线，既解决北方的用水问题，又造福京杭运河沿途各省市。

四是建造两条调水线（本书分别称之为11号线、12号线），代替中线向京、津输送优质水，将中线所调取的汉江优质水，分流入淮河流域和海河流域。

四个办法，不仅能缓解北方缺水难题，而且能提高供水的质量。本书将围绕这四个办法（或者说是“四个设想”）展开详细的论述。其中，部分内容在拙著《大西线水网》中已有粗略的介绍，有心的读者可以找来做个参照。

中华民族的伟大复兴指日可待。这当中，利用现有的技术与财力，着力解决困扰我们这个民族几千年的水资源问题，重构中国的水网、水系，从而改造中国的环境、资源、经济版图，必将为民族复兴、国家强盛奠定坚实牢靠的基础。

此前，我已先后出版了《北水南调》、《大西线水网》，对东北、西南、西北的水网重构提出设想。这本《黄河水网》着眼于黄河中下游平原，以及中国北方地区。三本书的内容相互联系，共同构成了我对重新构建中国水网的设想。

当然，从设想到现实，需要科学严谨的反复论证，还有很长的路要走。但，这是我的中国梦，一个非常美丽的梦。我期盼我的祖国，富强，更富强！

作　者

2016 年 5 月

目录

CONTENTS

图版目录

一、大西线水网的功能设计

《大西线水网》于2015年10月出版后，我带着许多问题，冒着大雪，于2016年2月驾车北上，沿着东线和中线，实地探访，调查研究。我发现，通过中线调水，形成“黄河水网”是解决我国北方缺水状况的当务之急。于是，我立刻着手将以往的规划加以整理，并诉诸文字。这就是我呈现给大家的这本《黄河水网》。

本书所谈的“中线调水”或“黄河水网”，是“大西线水网”的延续。“大西线水网”规划了9条调水线路，并以1号线至9号线加以命名。为了方便读者阅读、理解，本章就“大西线水网”的1至9号线及“第一天池”的规划与功能设计，进行简要介绍。

【参阅图1】

（一）1号线与汉江九级水库

1号线，连通雅砻江、大渡河、嘉陵江和汉江，将雅砻江、大渡河、嘉陵江的洪水调入汉江和渭河，流入中线和黄河，沿途济旱。

1号线将雅砻江、大渡河、嘉陵江的水引入汉江，汉江必须有水库蓄水，才能平缓将其放入丹江口水库，流入中线。汉江，位于秦岭和大巴山之间。汉江上游的新铺至丹江口水库，约500千米，水流平缓，新铺海拔600米，丹江口水库海拔151米，从新铺至丹江口建造九级水库，可蓄水150亿立方米。这150亿立方米加上1号线调来的水量，可保证中线调水成功。

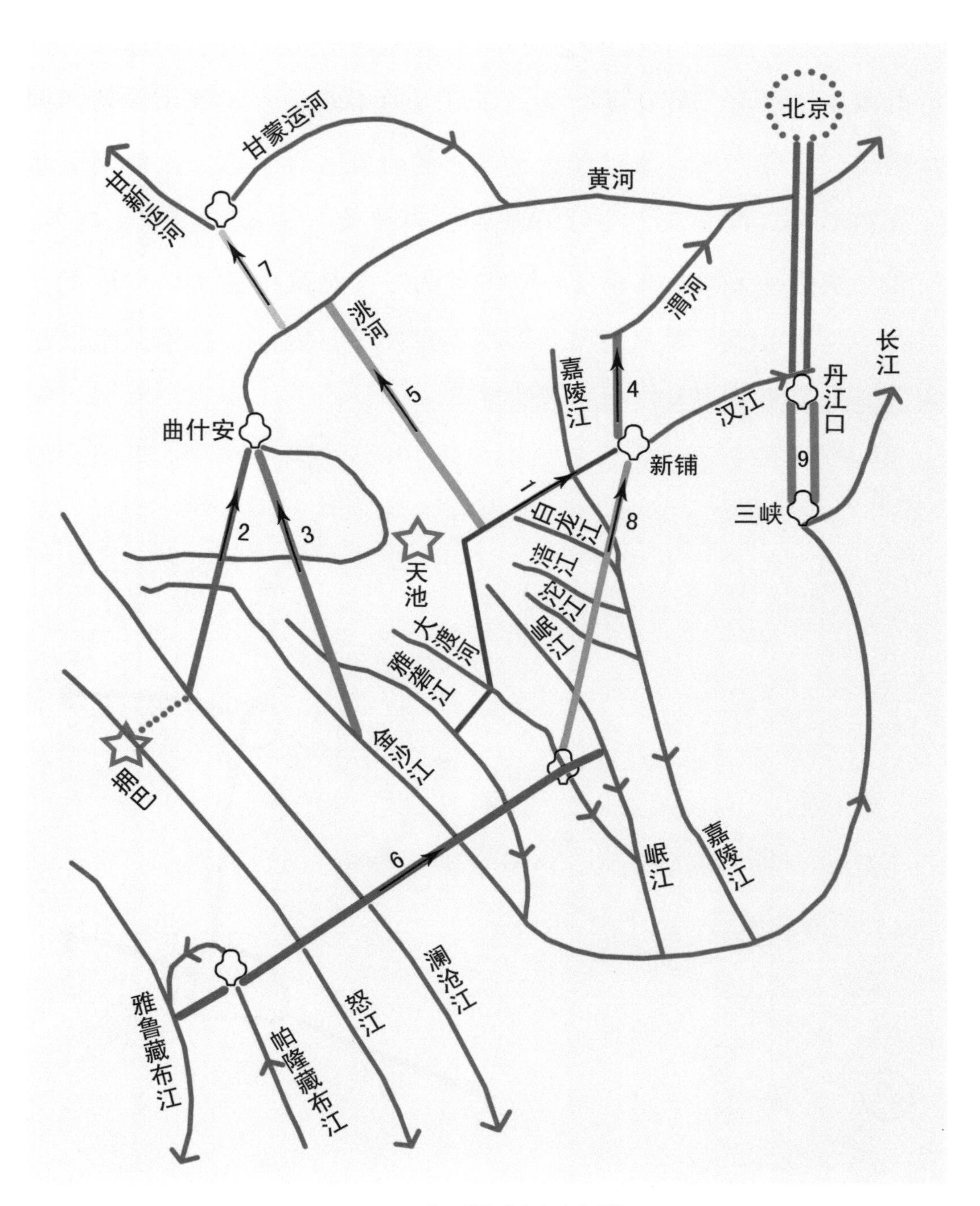
北京
甘蒙运河
甘新运河
黄河
7
洮河
渭河
长江
嘉陵江
4
丹江口
汉江
5
曲什安
新铺
9
1
三峡
2
3
白龙江
8
天池
涪江
沱江
大渡河
岷江
雅砻江
金沙江
捐巴
6
岷江
嘉陵江
澜沧江
雅鲁藏布江
怒江
帕隆藏布江

图1　大西线水网示意图

汉江处于黄河与长江之间，汉江有水，既可以向黄河输水，也可以向长江输水，最重要的是，还可以向中线输水。其中，新铺调水枢纽，汇聚了雅鲁藏布江、怒江、澜沧江、雅砻江、大渡河、嘉陵江的洪水，可分流入中线和渭河，再分流入河南、山东、江苏、河北、陕西、天津、北京。1 号线所调之水是高山雪水，水质优于二类，对缺水的中国大地和老百姓太重要了。因而，新铺调水枢纽的建造是大西线调水长远战略的重点。

【参阅图 2】

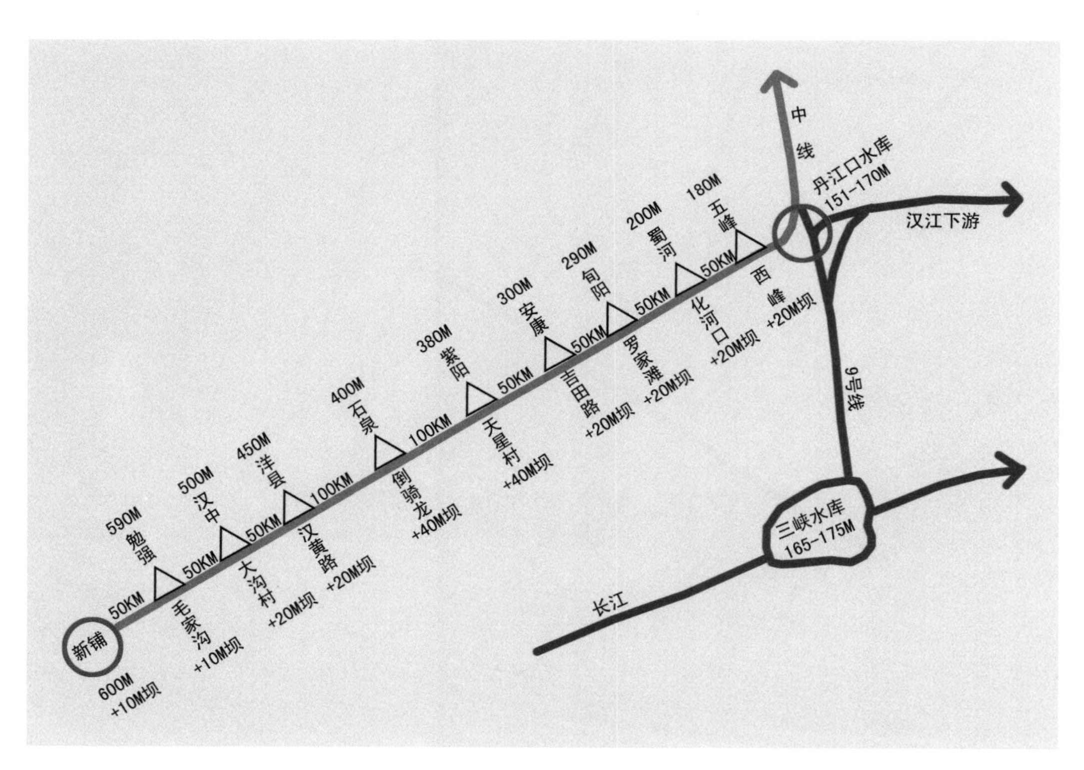

图 2　**汉江九级水库海拔、距离图**

汉江九级水库具体规划如下：

一级，勉县新铺—毛家沟，距离25千米，新铺海拔600米，毛家沟海拔590米，毛家沟建水坝高10米。

二级，勉县毛家沟—汉中大沟村，距离50千米，毛家沟水位600米，大沟村海拔500米，大沟村建水坝高20米。

三级，汉中大沟村—洋县汉黄路，距离50千米，大沟村水位520米，汉黄路海拔450米，汉黄路建水坝高20米。

四级，洋县汉黄路—石泉路倒骑龙，距离100千米，汉黄路水位470米，倒骑龙海拔400米，倒骑龙建水坝高40米。

五级，石泉县倒骑龙—紫阳县天星村，距离100千米，倒骑龙水位440米，天星村海拔360米，天星村建水坝高40米。

六级，紫阳县天星村—安康吉田路，距离50千米，天星村水位400米，吉田路海拔300米，建水坝高20米。

七级，安康吉田路—旬阳县罗家滩，距离50千米，吉田路水位320米，罗家滩海拔290米，罗家滩建水坝高20米。

八级，旬阳县罗家滩—蜀河镇，距离50千米，罗家滩水位310米，蜀河镇海拔200米，蜀河镇建水坝高20米。

九级，旬阳县蜀河镇—郧县五峰乡，距离50千米，蜀河镇水位220米，五峰乡海拔180米，五峰乡建水坝高20米。五峰乡水位200米，丹江口水库水位150—170米。

九级水库的造价总共80亿元。其中，1个高10米的水坝造价

2亿元。6个高20米的水坝，每个造价5亿元，合计造价30亿元。2个高40米的水坝，每个造价20亿元，合计造价40亿元。其他费用8亿元。

九级水库每级的底部留出沙石导流孔，导流孔直径0.25米，让沙石仍旧按照原有的自然规则在河道中流动，防止淤积水库和河道。导流孔对水库的蓄水功能有影响，但不大。

九级水库可分批建造，逐步完成。

（二）2号线与西南洪水的调度

2号线，挖掘隧道，连通怒江、澜沧江和金沙江上游，将其洪水，北引西调，济旱甘肃、内蒙古和新疆。

2号线主要调的是澜沧江、怒江的洪水。澜沧江是湄公河的上游，湄公河流经老挝、缅甸、泰国、柬埔寨、越南五个国家，洪水期是每年的5月—10月，大约180天。怒江的下游是萨尔温江，洪水期每年也不少于180天。

2号线在每年的洪水季节，从澜沧江调取洪水300亿立方米，只占湄公河年流量4 633亿立方米的6.5%。而减少了300亿立方米的洪水，对下游国家只有好处，没有坏处。同样在洪水季节，2号线从怒江调取洪水100亿立方米，这也只占下游年流量2 500亿立方米的4%。

【参阅图 3】

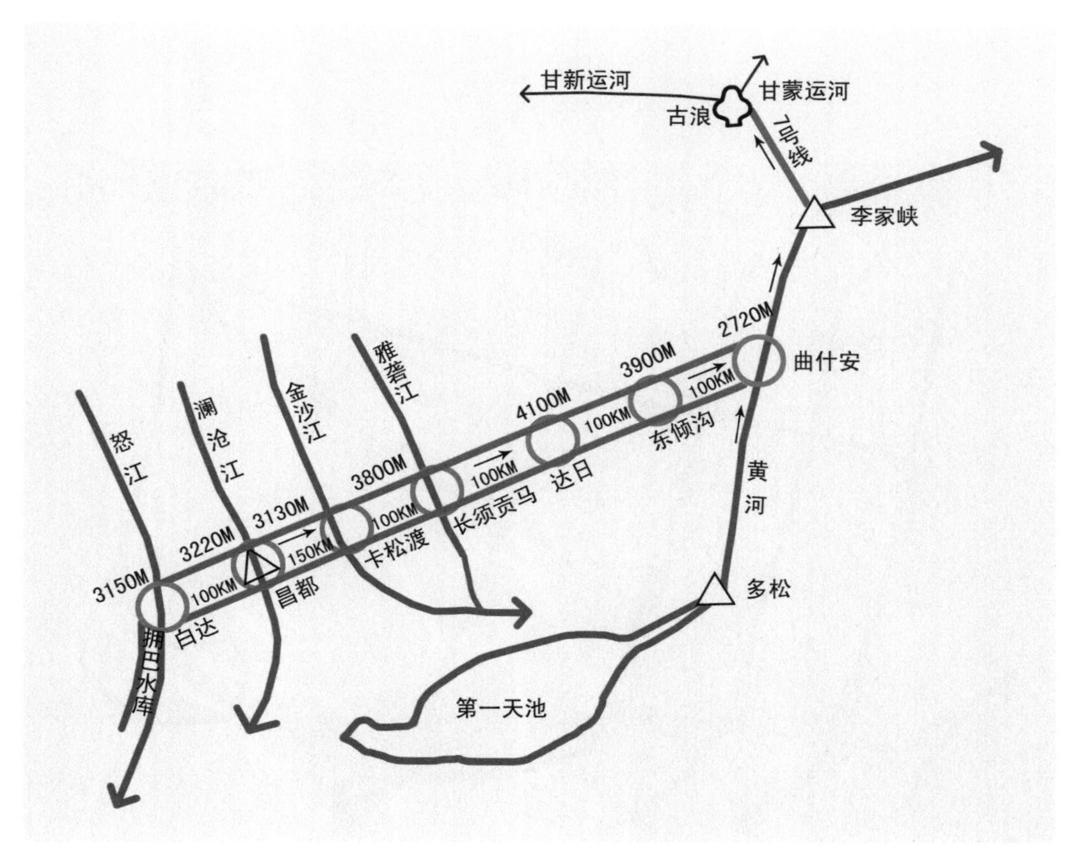

图 3　2 号线距离、海拔图

（三）3 号线与金沙江水库

3 号线，挖掘隧道，连通金沙江、雅砻江、黄河，主调金沙江的洪水，辅调澜沧江、雅砻江和怒江的洪水，流入黄河上游，济旱内蒙古中西部、甘肃河西走廊和新疆。

【参阅图 4】

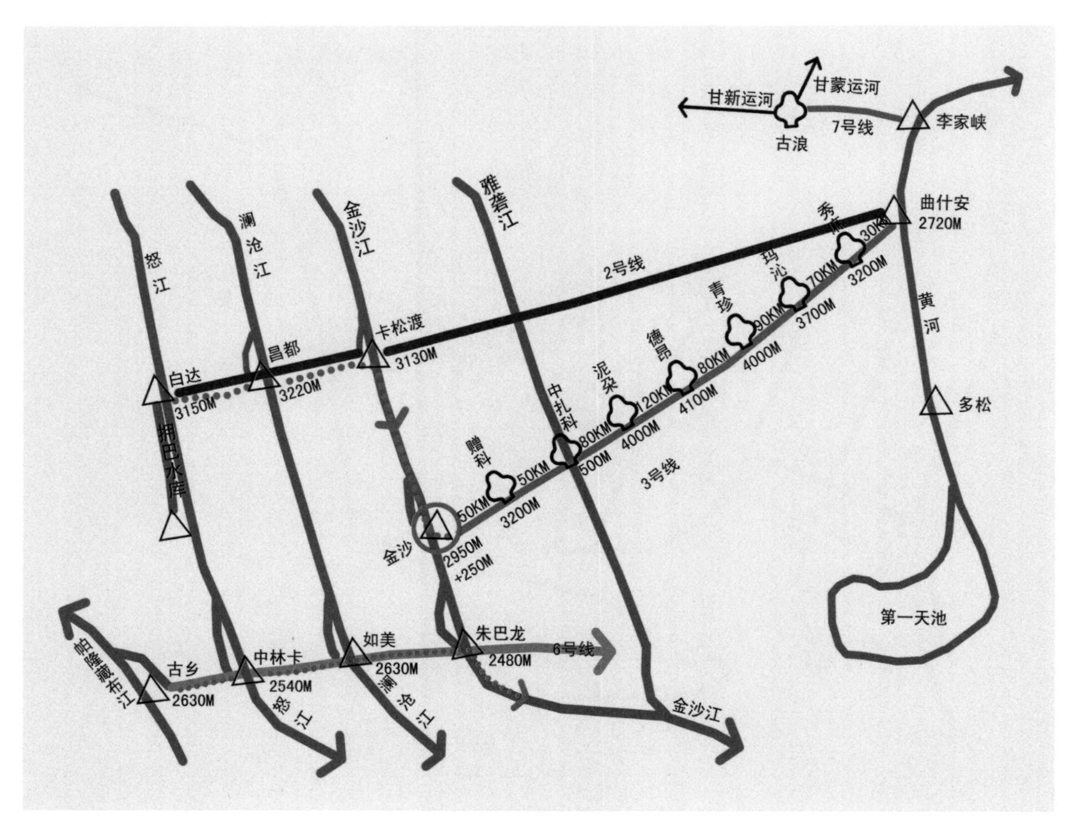

图 4　3 号线距离、海拔图

3 号线的关键在于建造金沙江水库。水库大坝高 250 米，横跨金沙江，长 1 500 米。整个金沙江水库，长 70 千米，均宽 1 000 米，均深 120 米，库容大约 80 亿立方米。

（四）4 号线与渭河、黄河治理

4 号线衔接 1 号线，引雅砻江、大渡河、嘉陵江之水，流入渭河。

4 号线，从略阳县到宝鸡市，用隧道连通嘉陵江和渭河，隧道穿过秦岭，全长 150 千米。

需要特别强调的是，4 号线的作用相当之大，概而言之有九项：

第一，济旱渭河。渭河年径流量 100 亿立方米，但冬季、春季严重缺水，目前开工的“引汉济渭”工程所引水量仍然难以满足不断增长的需求，特别是饮用水和工农业生产用水。

【参阅图 5】

第二，退沙还田。三门峡水库建成蓄水后，渭河下游的黄河水上逆，待水退去，沙留渭河两岸，泥沙淹没几百万亩良田，同时渭河河床抬高，使渭河成了地上悬河，发展下去，将引发渭河水灾。4 号线引雅砻江、大渡河、嘉陵江的水流入渭河，渭河上游水量大增，流入下游，渭河下游的水不再上逆，多年来淤积的泥沙将逐步被冲入黄河下游，流入大海，被淹没的几百万亩良田得以恢复。

第三，渭河两岸是秦汉时期中国最发达地区，就是因为渭河水多，生态环境较好。如今水少，饮水困难，污染严重，如果水多，生态环境将逐步恢复。

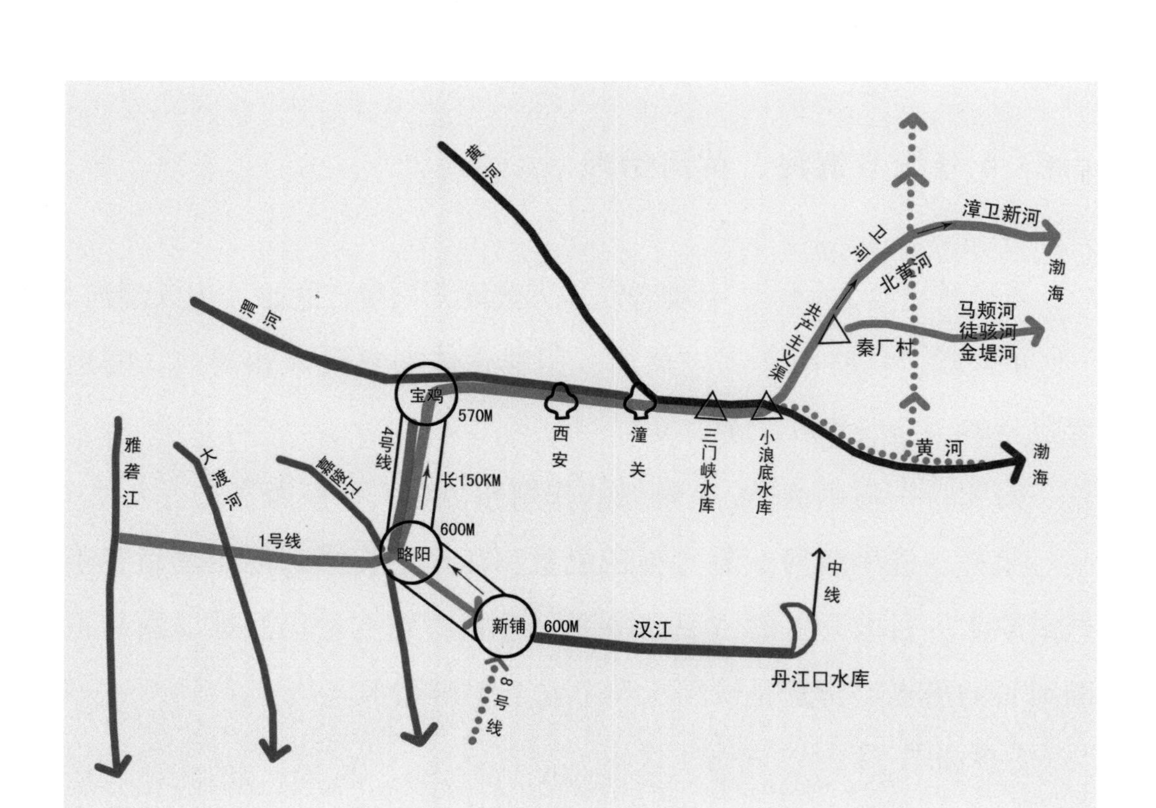

图 5　4 号线海拔图

第四，4 号线引入渭河的水量大约每年 50 亿立方米，主要在夏秋丰水期，这个时期渭河两岸的 20 多个水库只要不造成水灾，尽量少向或不向渭河放水，水库的水留待冬春枯水期再向渭河放水。还可以在宝鸡以西的渭河上建坝拦水，建造水库蓄水，或者在渭河的许多支流上，利用有利地形建造水库蓄水，留待枯水期向渭河放水。这样有效调控渭河水量，可使渭河永不缺水。

第五，发电。渭河水多，一年四季可均衡地向三门峡和小浪底水库供水，不必依赖黄河上游来水，发电量增加。

第六，调控水量。三门峡和小浪底水库库容200多亿立方米，有效调控水量，流入“北黄河”（详见第五章），为海河流域供水，有利于航行、灌溉和养殖。

第七，可仿照长江三峡水库，将黄河三门峡和小浪底水库改建，使之可通过万吨轮船，这样，渭河上的万吨轮可经过黄河下游或“北黄河”，进入渤海，陕西省增加了航运渠道，黄河三角洲也将得以发展。当然，“北黄河”的河道需要拓宽和加深。

第八，代替中线向海河流域输水，减少中线向海河流域输水的压力。

第九，海河流域的京杭运河航运功能将恢复。“北黄河”在秦厂村分流，流入金堤河、徒骇河和马颊河，然后再分流，流入京杭运河；“北黄河”在四女寺闸分流，流入京杭运河。“北黄河”两次分流，都流入京杭运河，黄河以北的京杭运河航运将得以恢复，直航天津，同时有利于沿途灌溉和养殖，也有利于生态环境的改善。

（五）5号线与洮河调水

5号线的线路是：旺藏乡（甘肃省迭部县）—纳浪乡（甘肃省卓尼县）—荣丰村（甘肃省临洮县），隧道全长130千米。

【参阅图6】

建造5号线的目的是，连通1号线，将雅砻江和大渡河的洪水

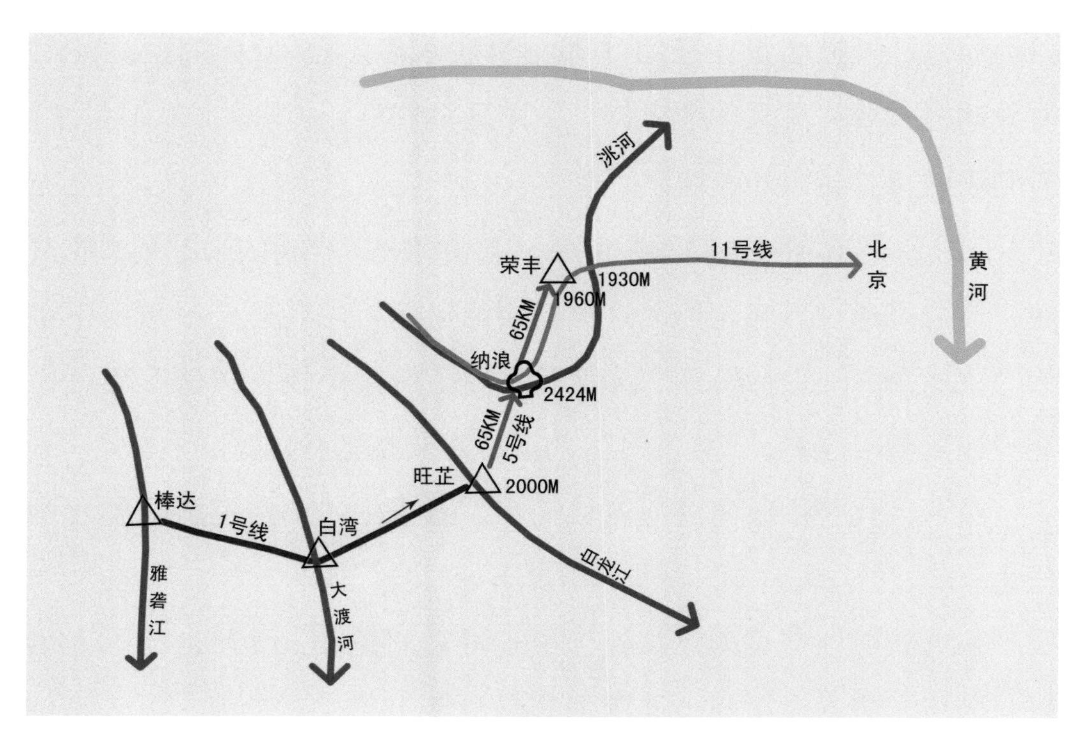

图6　5号线距离、海拔图

调入洮河，年调水能力大约100亿立方米。

5号线的建造工程包括在白龙江上的旺藏水库。旺藏水库将衔接1号线，将雅砻江和大渡河的洪水引入洮河；同时，在荣丰村，今后可衔接11号线，为11号线供水，流向北京。

（六）6号线与雅鲁藏布江的洪水调度

6号线，主要从雅鲁藏布江调集洪水。挖掘隧道，穿过怒江、澜沧江，顺便将怒江、澜沧江的洪水，一并北调，流入8号线和岷江。

【参阅图7、图8】

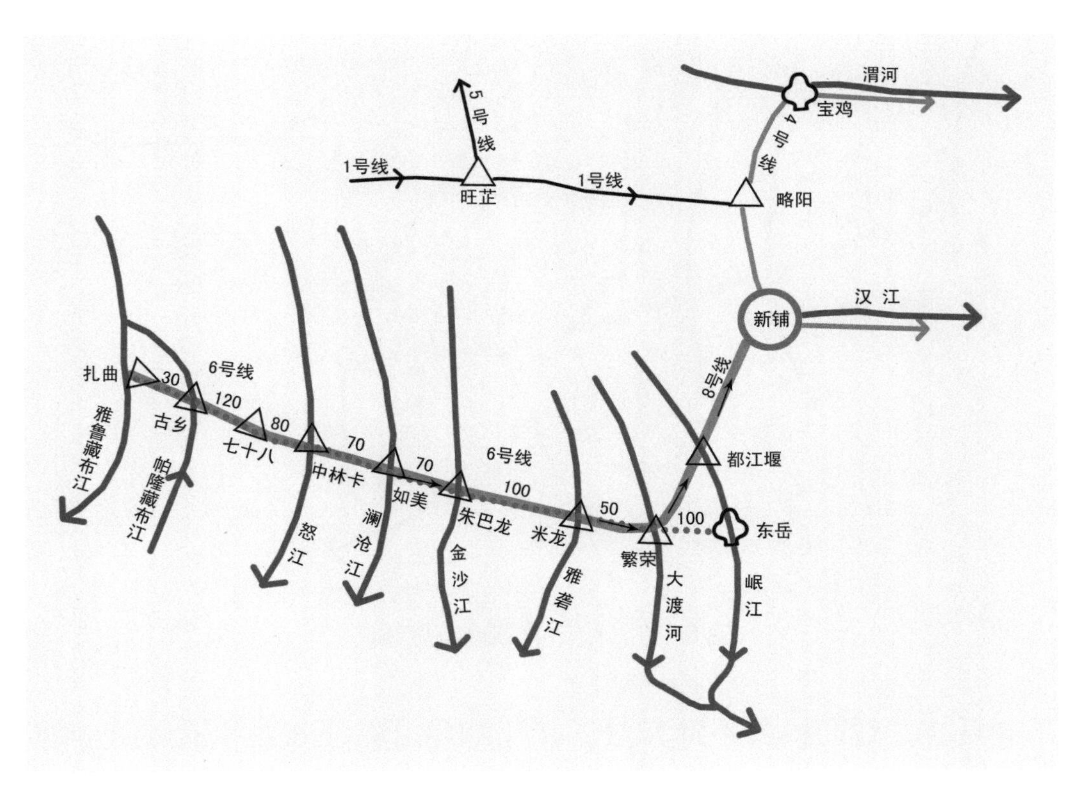

图7　**6号线距离图**

从雅鲁藏布江调水，是非常敏感的话题，印度怕水少利益受损，也有中国人怕引起国际非议。我们先把话说清楚：我们调的是洪水，是利人利己的事，大家共赢，有什么不好？枯水期，我们不调水；平水期，好说好商量，协商解决。

洪水期，雅鲁藏布江下游印度的马普特拉河，洪水淹死成百上

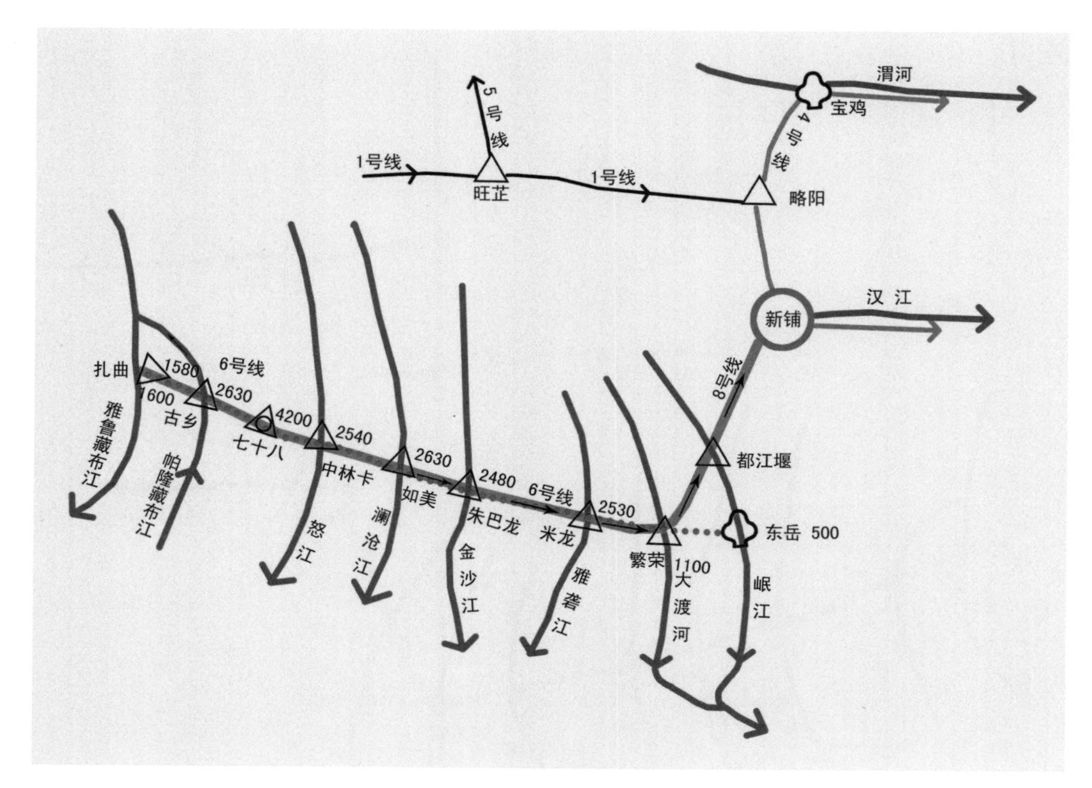

图 8　6 号线作业点地面海拔图

千老百姓，财产损失不计其数，年年如是。对于布拉马普特拉河的治理，人们已经讨论了半个世纪，都是纸上谈兵，至今无所作为。布拉马普特拉河的河岸两侧，和平原差不多，是无法建造大的水坝和水电站的。我们从雅鲁藏布江每年调出 1 000 亿立方米的洪水，对印度只有好处，没有坏处，或许对印度老百姓是极大的帮助。

洪水期，雅鲁藏布江的洪水流入布拉马普特拉河，加上布拉马普特拉河流域的洪水，两股洪水一起冲入孟加拉国贾木纳河，灾难年年发生，受苦受难的是老百姓。中国从雅鲁藏布江每年调出 1 000

亿立方米的洪水，孟加拉国政府和人民一定高兴。

（七）7 号线与甘新运河

2、3 号线向黄河每年调水 450 亿立方米，必须及时从黄河调出，西流，济旱内蒙古西部、甘肃河西走廊和新疆东部。

7 号线的路线，从青海省李家峡水库（海拔 2 200 米）至甘肃省古浪县（海拔 2 000 米），隧道长 200 千米，海拔落差 200 米，隧道平均每千米下降 1 米。

7 号线穿越乌鞘岭，乌鞘岭海拔 3 560 米，7 号线隧道最大埋深度 1 600 米。

李家峡水库库容 16 亿立方米，龙羊峡水库库容 146 亿立方米，两个水库为调水准备了缓冲时间，增大了调水能力。

7 号线和李家峡水库组成李家峡调水枢纽，将发挥巨大作用：

a. 李家峡调水枢纽向黄河宁夏段和黄河内蒙古段每年放水 150 亿立方米。首先保证黄河流经宁夏和内蒙古永不缺水，同时严格控制黄河中游流量，确保下游永无水灾。

2、3 号线向黄河放水之前，7 号线和多松大坝必须完工，否则容易引起水灾。

b. 7 号线向甘（肃）新（疆）运河每年放水 200 亿立方米。

甘新运河的路线是：甘肃省古浪县（海拔 2 000 米）—甘肃省

临泽县板桥镇（海拔 1 500 米）—甘肃省玉门市（海拔 1 360 米）—甘肃省瓜州县西湖乡（海拔 1 100 米）—鲢鱼山（海拔 1 000 米）—自动分流，流入哈密盆地和吐鲁番盆地，在盆地的盆壁上左旋右转，挖掘盆壁河道，河道逐步降低，盆壁河道任一点放水，都会自流入盆底，盆底就是小湖。两个盆地的面积和浙江省差不多。

【参阅图 9、图 10】

甘新运河的距离是：甘肃省古浪县—400 千米—甘肃省临泽县板桥镇—400 千米—甘肃省瓜州县西湖乡—利用疏勒河原有河道—300 千米—鲢鱼山——自动分流，流入哈密盆地和吐鲁番盆地。甘新运河全长 1 100 千米。

甘新运河的效益：甘新运河流经的地区，最适合水果的生长，生产的水果品质好，产量高。甘新运河流经的地区，正好是欧亚铁路必经之地，生产的水果可以供应全中国、全欧洲。甘新运河流经的地区，很适合棉花的生长，生产的棉花可以达到 700 多万担，几乎等于全世界年贸易量。

甘新运河，流经河西走廊，沿途按需向祁连山山麓放水，有利于灌溉、养殖，有利于生态环境的改善，将彻底解决老百姓的饮水问题。甘新运河能增加 5 000 万亩耕地、牧场和果园。

从甘新运河的板桥，海拔 1 500 米，向东侧放水，任其顺势自流，流经阿拉善右旗，海拔 1 450 米，流经民勤县城东侧，海拔 1 370 米，流入乌兰布和沙漠南缘，海拔 1 300 米，推土机顺着地势

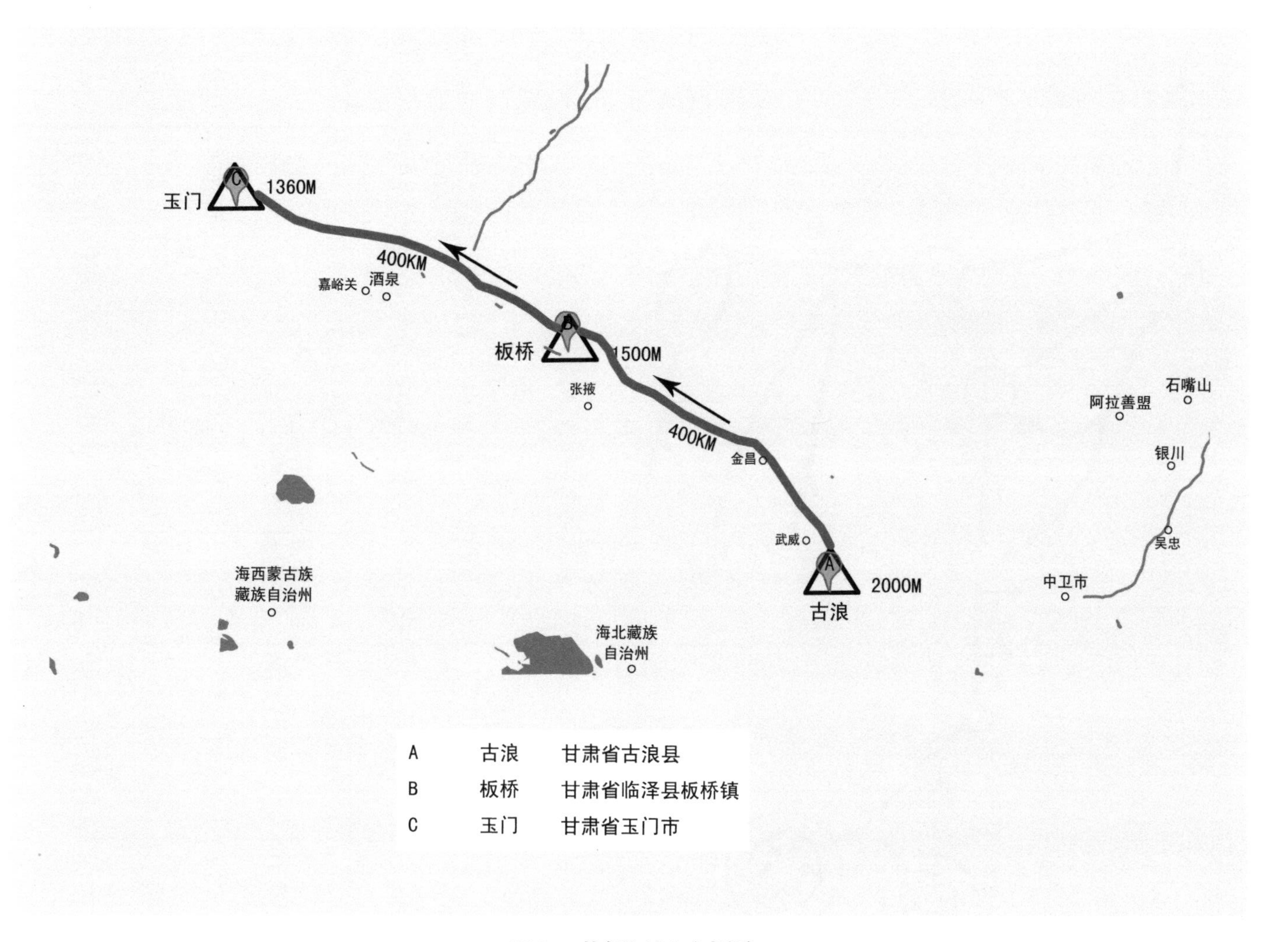

A	古浪	甘肃省古浪县
B	板桥	甘肃省临泽县板桥镇
C	玉门	甘肃省玉门市

图9 甘新运河示意图

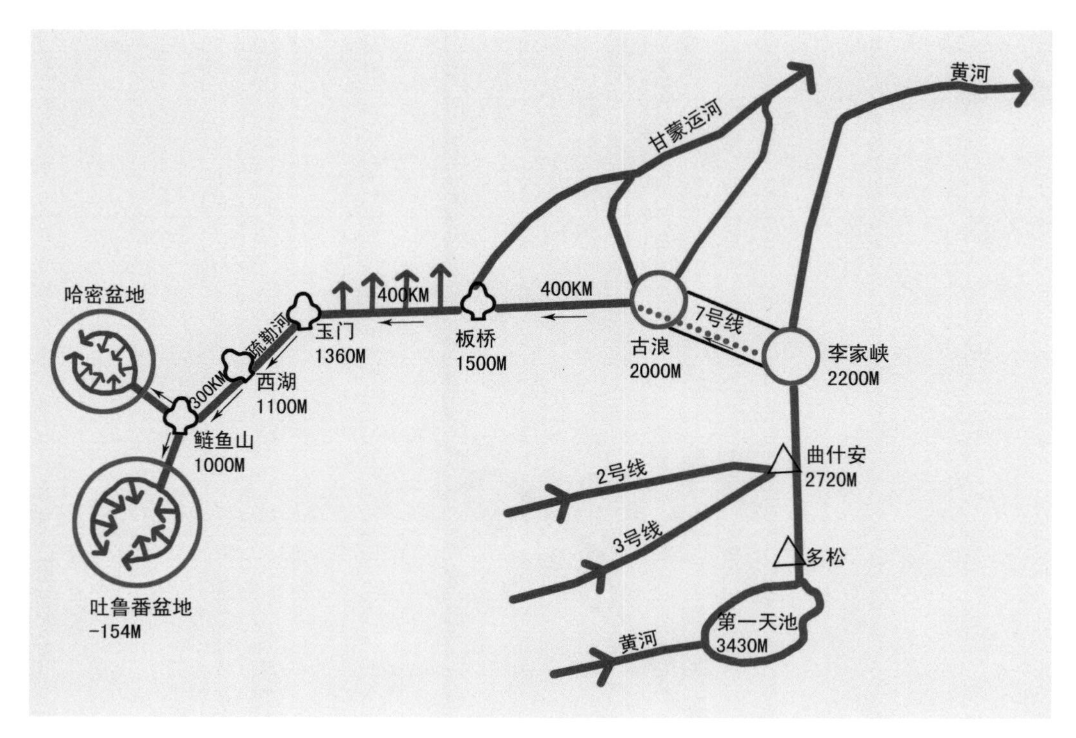

图 10　甘新运河海拔、距离图

推沙，推出一条沙道，引水自流，流入乌兰布和沙漠，海拔 1 060 米，向右流入黄河，海拔 1 050 米，向左流入腾格里沙漠，海拔 1 040 米。全程自流，长 1 000 千米，穿越巴丹吉林沙漠南端、腾格里沙漠和乌兰布和沙漠，称作甘蒙运河。

c. 7 号线向甘蒙（甘肃省至内蒙古西部）运河每年放水 100 亿立方米。

古浪至板桥的甘新运河，位于半山腰，海拔较高，任一点放水，都会向北自流，流入甘蒙运河。

从古浪县北侧，海拔 1 900 米，向民勤灌溉总渠放水，流经民勤县城东侧外河，并入甘蒙运河。

从古浪县北侧，海拔 1 900 米，向东北方向放水，然后向北，再向北，水顺着地势，在大漠中左冲右突，任其自流，形成河道，直达乌兰布和沙漠南缘，海拔 1 300 米，并入甘蒙运河。

待河道稳定后，从任一点向西北方向放水，流经腾格里沙漠中心地带，并入甘蒙运河。

【参阅图 11、图 12】

7 号线每年向巴丹吉林沙漠南端、腾格里沙漠和乌兰布和沙漠

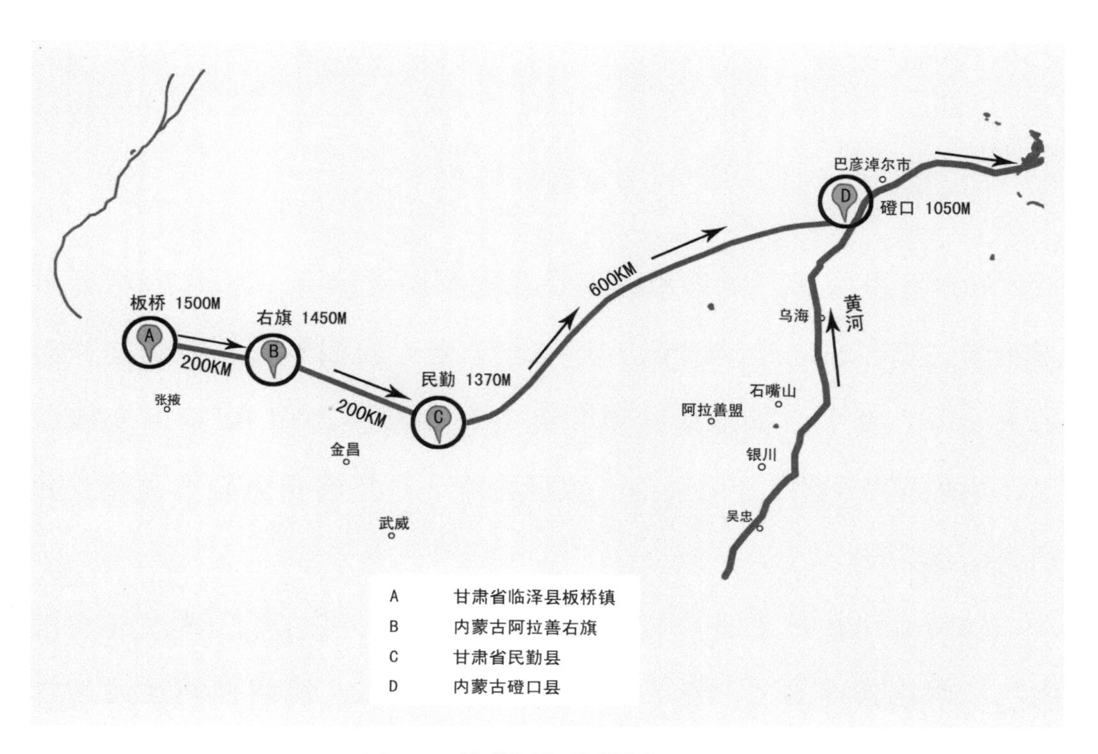

图 11　甘蒙运河海拔图（一）

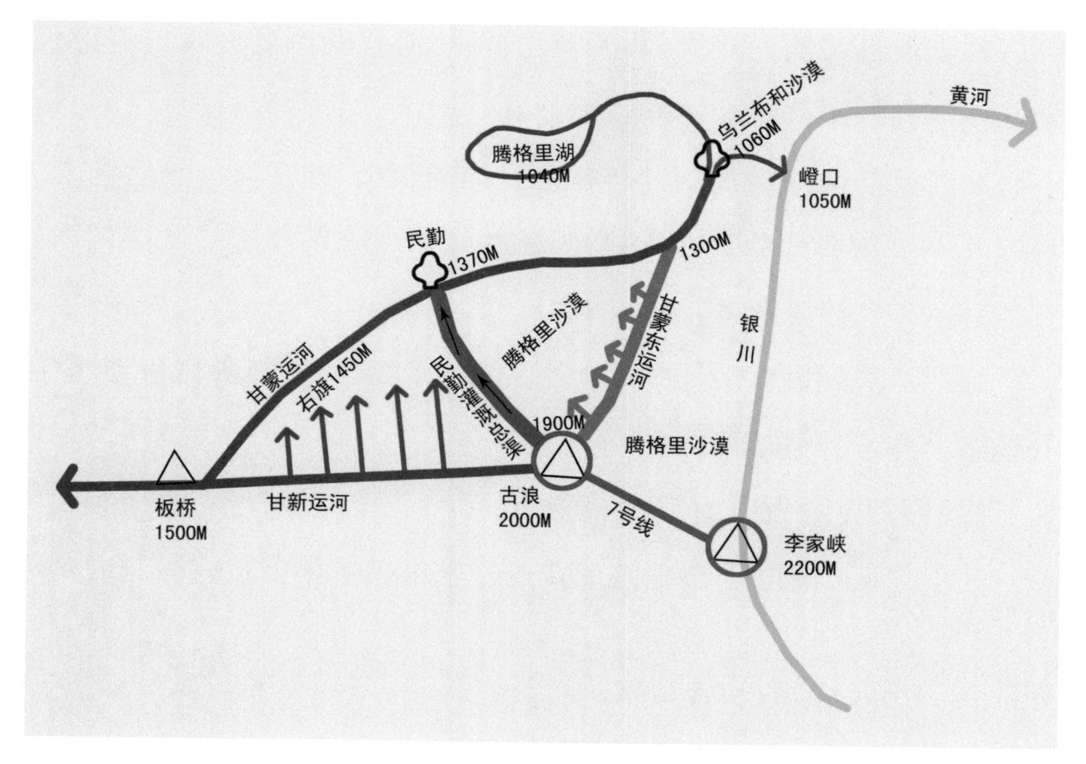

图 12　**甘蒙运河海拔图（二）**

放水 100 亿立方米。腾格里沙漠是我国第四大沙漠，面积 3.67 万平方千米。乌兰布和沙漠面积 1 万平方千米，面积不大，但却是黄河的大沙源。有水，腾格里沙漠和乌兰布和沙漠将在 10 年内变成绿洲，增加至少1 000万亩耕地、牧场，生态环境将得到较大改善，并产生深远影响。

甘新运河和甘蒙运河的水会被蒸发，但北风会将所蒸发的水汽南吹，飘落祁连山上，变成雨雪，雨雪变成水，流回甘新运河和甘蒙运河，循环往复，有利于生态环境改善。

（八）第一天池

2 号线、3 号线每年调水 450 亿立方米，流入黄河，如果调控不好，容易引发水灾。

在黄河上建造多松大坝，卡住黄河上游的流量，让 2 号线、3 号线的水先行流入黄河，确保平稳有序调水。

青海省河南蒙古族自治县多松乡，海拔 3 330 米。多松大坝高 120 米，长 1 000 米，造价大约 150 亿元，包括其他费用。大坝建成后，水位上升，形成玛曲湖和若尔盖湖，两个湖泊库容量合计 340 亿立方米，海拔 3 420 米以上，可以称之为“第一天池”。

【参阅图 13】

第一天池有三大作用：

第一，第一天池的水通过 11 号线（详见第三章）流入洮河，再通过 5 号线的倒流，流入 1 号线，为中线、4 号线（渭河）供水。5 号线的倒流，就是在 5 号线的纳浪乡，关闭西流隧道，将天池的水和洮河的水漏入 5 号线隧道，纳浪乡地面海拔 2 424 米，5 号线的始发端旺藏海拔 2 000 米，两地距离 65 千米，倒流平均每千米下降 6. 5 米。倒流也是一种倒虹吸。第一天池的水很容易倒流流入 1 号线。

第二，第一天池的水流入黄河，能为黄河上游供水，也能为甘新运河和甘蒙运河供水。

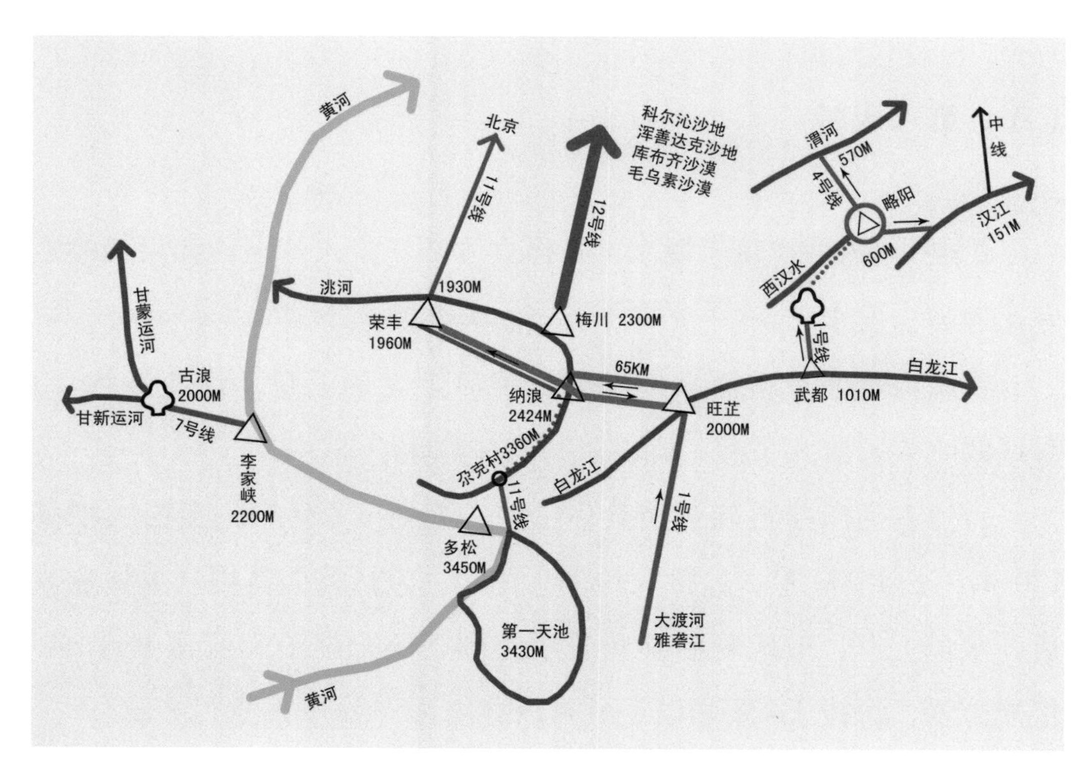

图 13　第一天池的供水网络

第三，第一天池为 11 号线、12 号线（详见第四章）供水，供水量每年不少于 150 亿立方米。

第一天池，加上 1 号线 100 亿立方米的水，经 5 号线流入洮河，总共每年 250 亿立方米，将为 11 号线、12 号线提供足够的优质水。

【参阅图 14】

中国水网，第一板块是东北地区的北水南调水网；第二板块是大西线水网，以新铺为调控枢纽；第三板块是黄河水网，以第一天池为调控中心；第四板块是长江水网。

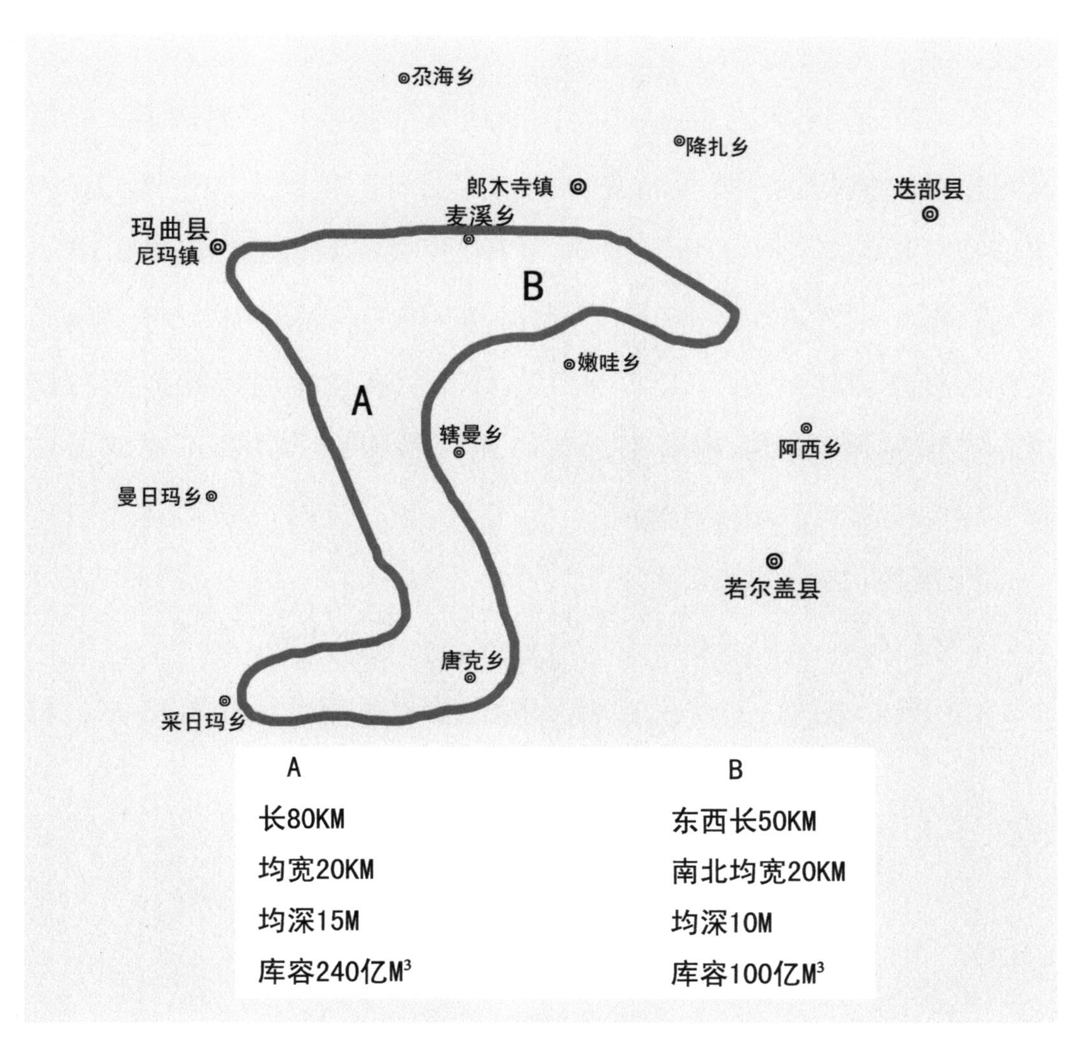

图 14　第一天池示意图

（九）8 号线与大西线水网的连通

8 号线从四川省泸定县繁荣村到陕西省勉县新铺镇，与 6 号线衔接，至此，大西线水网连通。

8 号线通过汶川，山高路险，地质条件复杂，挖掘隧道，是极其艰巨的。但是，科技不断进步，科技发展产生巨大的生产力，一定能战胜挖掘隧道中的所有困难。1960 年代河南省的红旗渠，10 万人用铁锤和钢钎奋斗了 10 年才完成，如今的一部盾构机，挖掘隧道的能力能顶当年的几万人。今后的发展，或许能用机器人挖掘隧道，哪里还怕什么艰难险阻。我们现在做规划，以后不断修改完善，将来实施时，可能更容易。

【参阅图 15】

8 号线隧道全长 600 千米，分期建造，逐步完成。

第一期，南坝—金洞—新铺，隧道长 180 千米，直径 15 米，每

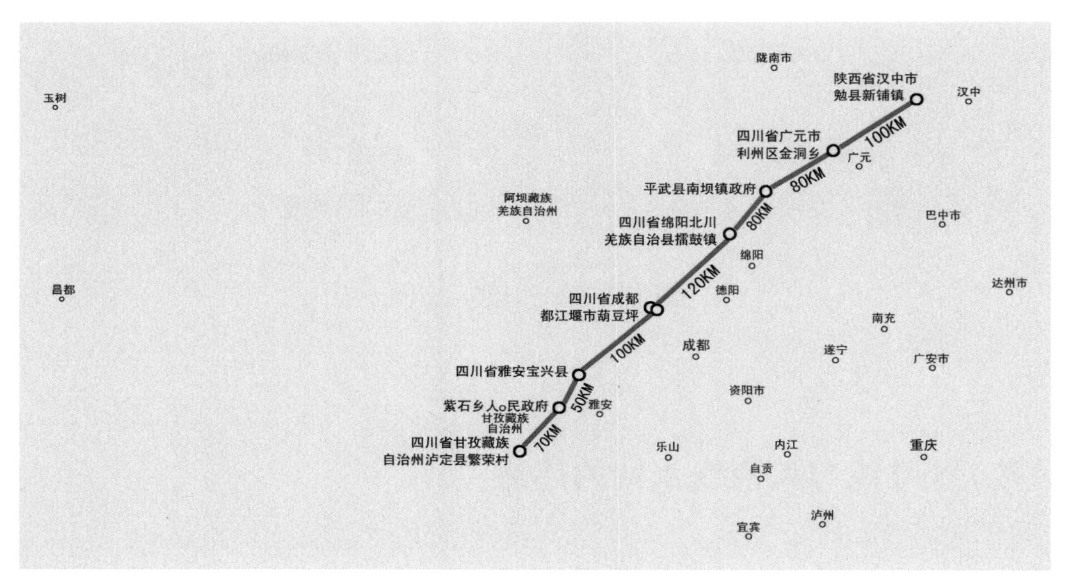

图 15　**8 号线倒虹吸隧道底部海拔示意图**

千米造价3亿元，隧道造价540亿元，加上空水道、抗水坝和涪江上南坝小水库的建造费用20亿元，总共560亿元。

隧道海拔落差，南坝海拔700米，新铺海拔600米，海拔落差100米，两地距离180千米，平均每千米下降0.56米。

第一期调水量，涪江年流量120亿—180亿立方米，每年洪水期，经过涪江上南坝流量不少于60亿立方米，8号线在南坝可以从涪江调水不少于50亿立方米。

【参阅图16】

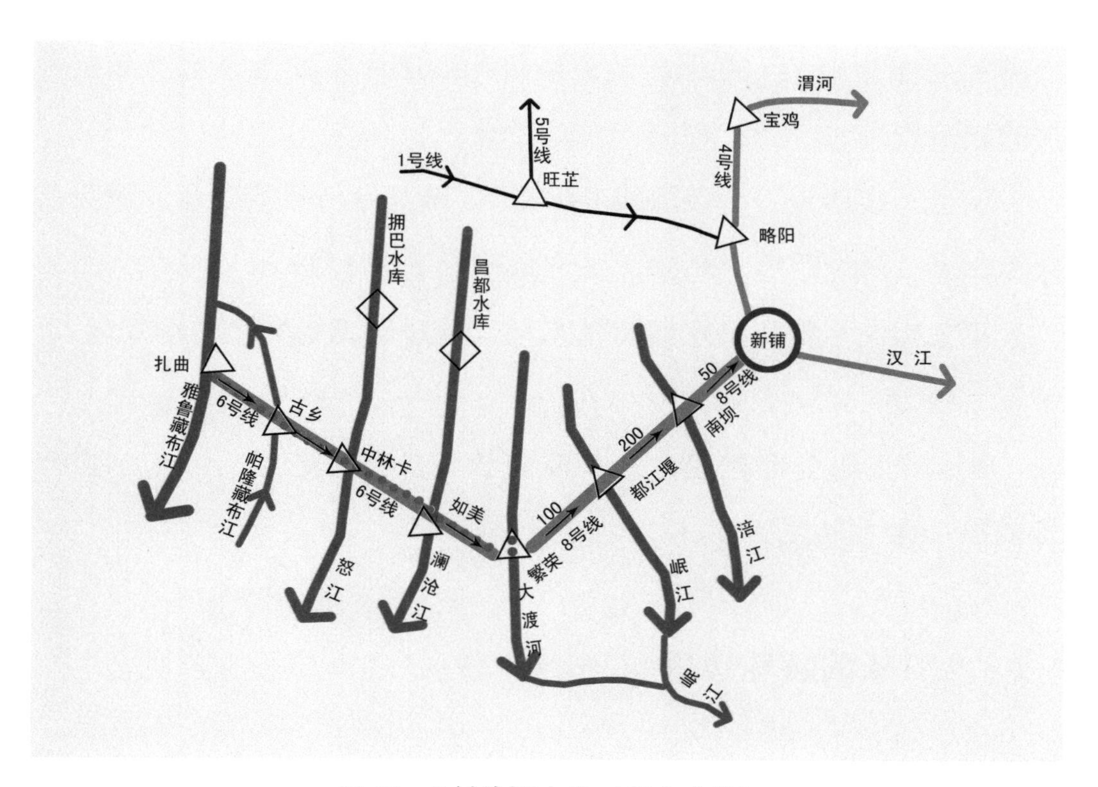

图16　8号线调水量（亿立方米）

第二期，都江堰—擂鼓—南坝，隧道长 200 千米，直径 15 米，每千米造价 3 亿元，隧道造价 600 亿元，加上空水道和抗水坝的建造费用 40 亿元，总共 640 亿元。

隧道海拔落差，都江堰海拔 780 米，南坝海拔 700 米，海拔落差 80 米，两地距离 200 千米，平均每千米下降 0.4 米。

第二期调水量，岷江干流流经都江堰，每年洪水期流经都江堰不少于 300 亿立方米，8 号线可以从都江堰调水不少于 200 亿立方米。

第三期，繁荣—紫石—宝兴—都江堰，隧道长 220 千米，直径 15 米，每千米造价 3 亿元，隧道造价 660 亿元，加上空水道和抗水坝的建造费用 40 亿元，总共 700 亿元。

隧道海拔落差，繁荣海拔 1 100 米，都江堰海拔 800 米，海拔落差 300 米，两地距离 220 米，平均每千米下降 1.36 米。

第三期调水量，平水期和枯水期，从 6 号线相关联的水库调入，每年大约 250 亿立方米。

8 号线三期全部建成，总共需要投资 2 000 亿元，可调水量年 350 亿—500 亿立方米。

（十）9 号线的特殊功用

9 号线的特殊功用在于连通长江三峡水库和丹江口水库。南水北调的东线、中线和西线，9 号线是关键。

长江三峡水库和丹江口水库相距 250 千米，长江三峡水库正常水位在 165—175 米之间，丹江口水库正常水位在 151—170 米之间。可挖掘一条直径 15 米的隧道，连通两个水库，使其合二为一，这条隧道在“大西线水网”中称为 9 号线。隧道的末段可分为西支线和东支线，西支线直接连通两个水库，东支线绕过汉江丹江口水电站，连通汉江下游。9 号线穿越大巴山和武当山，海拔最高点 1 500 米。

【参阅图 17】

洪水期，关闭汉江九级水库向丹江口水库的出水口和 9 号线东支线，同时打开 9 号线和 9 号线西支线，此时，长江三峡和丹江口两个水库连为一体，按需向中线和汉江下游输水。

洪水期，中线向黄河下游输水，冲刷黄河下游河道，预计每年黄河下游河道底部可下降 1 米，10 年以后，郑州至黄河入海口，就可航行万吨轮船。10 年以后，黄河永不泛滥，永不断流。

洪水期，中线沿途城乡，包括北京、天津，一般情况下不需中线供水，中线调水的任务就是冲刷黄河下游河道。洪水期，丹江口水库按需向汉江下游放水，流经丹江口汉江水电站和汉江梯级水电站。洪水期，9 号线东支线也可按需打开，向汉江下游放水泄洪，流经汉江梯级水电站。但是，泄洪应尽可能流经丹江口水库，使汉江丹江口水电站和梯级水电站都能利用洪水发电，以尽可能充分地发挥洪水的利用价值。

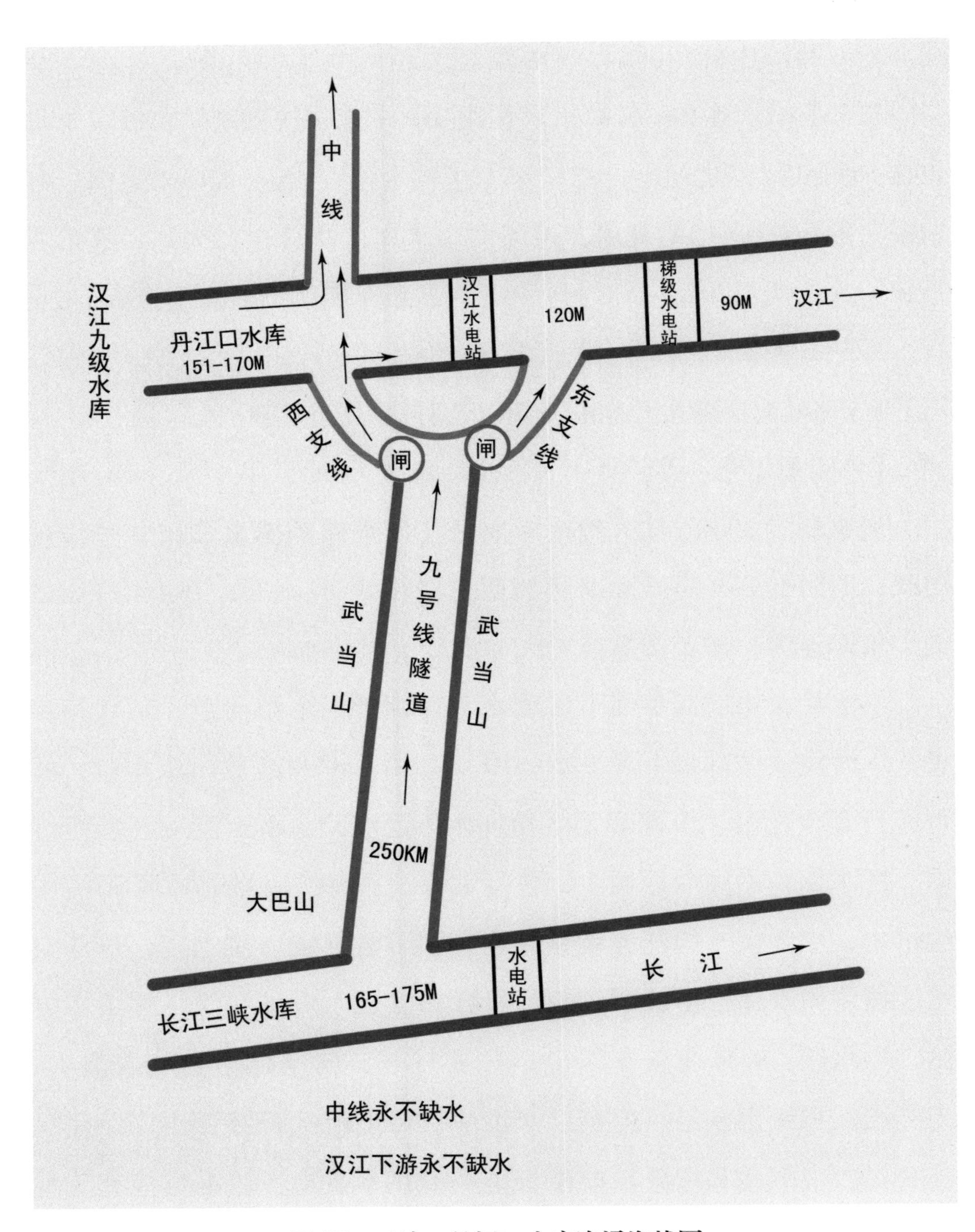

图 17　三峡、丹江口水库连通海拔图

洪水期过后，约在10月中旬，打开9号线的东支线，长江三峡水库的水，直接流入汉江下游，向汉江下游按需放水。这样，长江和汉江下游连为一体，汉江下游永不缺水。9号线的东支线，向汉江下游放水处，可顺势建造梯级水电站，预计发电量比丹江口汉江水电站更大。这是因为此时的供水量大，而且稳定。

洪水期过后，关闭丹江口汉江水电站和9号线的西支线，同时打开汉江九级水库，向丹江口水库供水，再流入中线。这样，一般情况下，长江三峡水库不再需要向中线供水；这样，丹江口水库上游的汉江改道，直接流入中线，汉江上游和中线连为一体；这样，中线每年将得到不少于200亿立方米的二类优质水，能保证在洪水期过后，中线沿途按需分配水量。这样，中线优先使用汉江的二类水源，万一不足，由长江三峡水库补充。中线有了9号线作后盾，将永不缺水，淮河流域和海河流域也将永不缺水。待大西线水网完成，1号线和8号线都可以向汉江九级水库输水，中线可一年四季全部调用二类水源，到那时，淮河流域和海河流域的灌溉用水都可使用二类水源。

洪水期到来之前，汉江九级水库尽量满足中线沿途的储水，迎接季节转换，便于水质和水量的合理调控。

不必担心这个方法会降低京津的水质，11号线将保证北京、天津的饮用水优于二类水标准。

不必担心长江三峡水库的水流入汉江下游影响三峡水电站的发电量，恰恰相反，会增加发电量。长江三峡水库的水放入汉江下游主要是6、7、8、9四个月无法利用的洪水。即使不是洪水，发电量也不会少。长江三峡水库正常水位165—175米，通过9号线东支线，流入汉江梯级水电站，正常水位120米，落差45—55米，出水电站后，水位90米，落差30米。梯级水电站是两次发电，发电量的总量一定多了，而不是少了。原有的丹江口水电站因中线调水量不足，本来发电量就减少，而9号线从西支线或汉江九级水库放水，流入丹江口水库，丹江口水电站则可利用洪水或过剩水量发电。

关于长江三峡水库防洪库容和防洪水位变迁的问题，补充说明如下：

1. 目前，长江三峡水库库容量280亿立方米，其中防洪库容220亿立方米，加上长江上游的21个水电站的防洪水库库容160亿立方米，防洪水库库容总共380亿立方米。也就是说，6、7、8、9四个月的洪水期，长江三峡水库必须空载220亿立方米，空载的库容留给上游的洪水，防洪水位必须控制在160米以下。

2. 10年内，长江上游的新建成水电站：乌东德水电站水库库容76亿立方米，防洪库容14亿立方米，将于2020年建成；白鹤滩水电站水库库容200亿立方米，防洪库容56亿立方米，将于2022年建成；两河口水电站库容100亿立方米，防洪库容30亿立方米，将于2023年建成；加上这一时期的新建成其他小水电站水库的防洪库容不少于20亿立方米。10年内，长江上游的新建成水电站水库的防洪库容，总共增加了120亿立方米，等于长江三峡水库防洪库容从380亿立方米，增加到500亿立方米，防洪水位可提高至165米。

3. 10年后，汉江九级水库如果建成，6、7、8、9四个月，蓄洪不少于100亿立方米，剩余的洪水流入中线；10年后，9号线如果建成，东支线海拔120米，三峡水库在任一水位上，都可代替汉江上游，6、7、8、9四个月，按需向汉江下游输水50亿立方米。10年后，长江三峡水库合计增加150亿立方米，加上10年内的120亿立方米，总共增加270亿立方米，也就是等于三峡防洪水库达到650亿立方米。10年后，长江三峡水库防洪水位可提高至170米，6、7、8、9四个月，长江三峡水库和丹江口水库连为一体，丹江口水库可向中线、汉江下游、黄河下游，同时按需泄洪，长江下游洪灾不再发生。

4. 15年后，1号线如果建成，引雅砻江、大渡河、嘉陵江洪水，经4、5号线流入渭河、洮河，6、7、8、9四个月，泄洪不少于50亿立方米；15年后，3、4号线如果建成，引金沙江洪水，流入黄河，6、7、8、9四个月，泄洪不少于50亿立方米；这样，15年后，三峡防洪库容合计增加100亿立方米，加上10年内增加的120亿立方米，再加上10年后增加的150亿立方米，总共增加370亿立方米，也就是等于长江三峡水库的防洪库容，总共达到750亿立方米，长江三峡可以满负荷运行。长江三峡水库大坝高185米，15年后，长江三峡水位，按照175米运行，即使是洪水期，也是非常安全的。2015年，长江三峡水库的蓄水位，达到了175米。长江三峡水库的水位一旦达到170—175米，丹江口水库可向中线、汉江下游、黄河下游，同时按需平稳输水，长江下游洪灾不再发生，也或许永远不会发生。

以上介绍的是“大西线水网”的构想，若要详细了解，请参阅《大西线水网》（上海文化出版社、中西书局2015年9月版）。

二、10 号 线

2016 年 1 月 18 日—29 日，我考察了南水北调东线和南水北调中线的多个节点，得到一个结论：两线调水如能连通，其效能将得到较大提升。

利用现有河道，加上所挖掘的河道，引中线之水，流入东线，建成的引水路线。我将这条线称为 10 号线。

【参阅图 18】

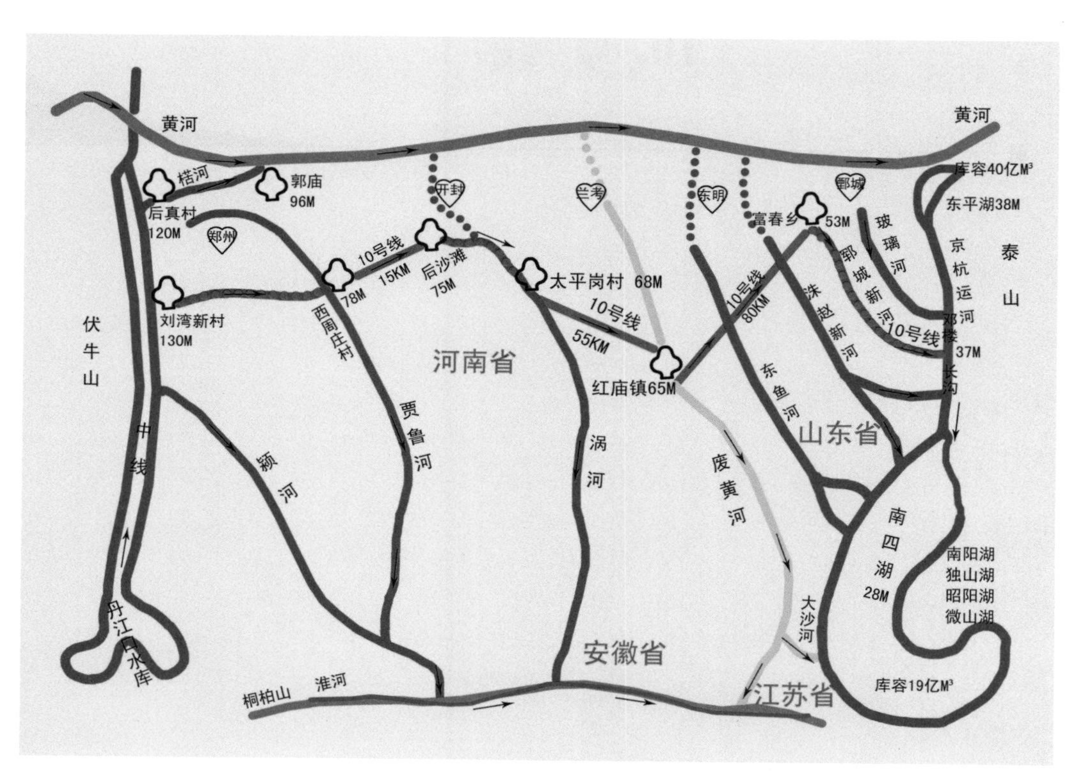

图 18　10 号线海拔图

（一）10 号线的路线

刘湾新村	郑州市	管城区	从中线接入，接入口已建成
穆庄村	郑州市	管城区	
西周庄村	郑州市	中牟县	
后沙滩村	开封市	龙亭区	
太平岗村	开封市	祥符区	
红庙镇	开封市	兰考县	
富春乡	菏泽市	鄄城县	
邓楼村	济宁市	梁山县	中线之水自流入京杭大运河

（二）10 号线的地面海拔

刘湾新村	130 米
穆庄村	80 米
西周庄村	77 米
后沙滩	76 米
太平岗村	68 米
红庙镇	67 米
富春乡	53 米

邓楼村　　　　　37 米

（三）10 号线的渠道距离

10 号线，沿着黄河南侧，顺着地势，自西向东挖掘渠道。部分渠道将利用原有河道。

刘湾新村	0 千米	始发点
穆庄村	0 千米	利用原有河道——十八里河和七里河
西周庄村	0 千米	利用原有河道——东风渠和贾鲁河
后沙滩	15 千米	
太平岗村	0 千米	利用原有河道——马家河
红庙镇	55 千米	
富春乡	80 千米	
邓楼村	0 千米	利用原有河道——郓城新河

10 号线的水流入邓楼村的京杭运河，海拔 37 米，向南流入南四湖，海拔 28 米，但无法自流进入东平湖，因为东平湖海拔 38 米，而东平湖却是 10 号线调水的最重要的目的地。

京杭运河上的邓楼村南侧是长沟泵站，可调控水的南流，邓楼村的邓楼泵站向北扬水，再经八里湾泵站，可将 10 号线的水扬入东平湖。经过两个泵站，将 10 号线的水位提高 1—2 米，大概不是太困难的事。东平湖，是东线海拔的较高点，也是东线调水枢纽。东平湖有水，就可经京杭运河北流天津，南流江都，东调济南和山东沿海。

【参阅图 19】

（四）10 号线的造价

10 号线挖掘渠道全长合计 150 千米，不包括利用原有渠道。

10 号线挖掘渠道，深 8 米，底宽 100 米。

挖掘渠道费用，挖掘 1 土立方米 20 元，合计 15 亿元；

原有河道拓宽、加深，5 亿元；

其他费用 5 亿元。

合计费用 25 亿元，但土地、移民费用未计入。如果加建一条与 10 号线平行的省级公路，费用总共应该在 75 亿元左右。

从长远考虑，10 号线从刘湾新村经富春乡，直接连通东平湖水库，或许更好。

（五）10 号线的作用

1. 增强东线调水的功能。

目前东线调水只能解决严重缺水期的燃眉之急而不能持久，阶段性任务完成后应该尽早进行功能性调整。

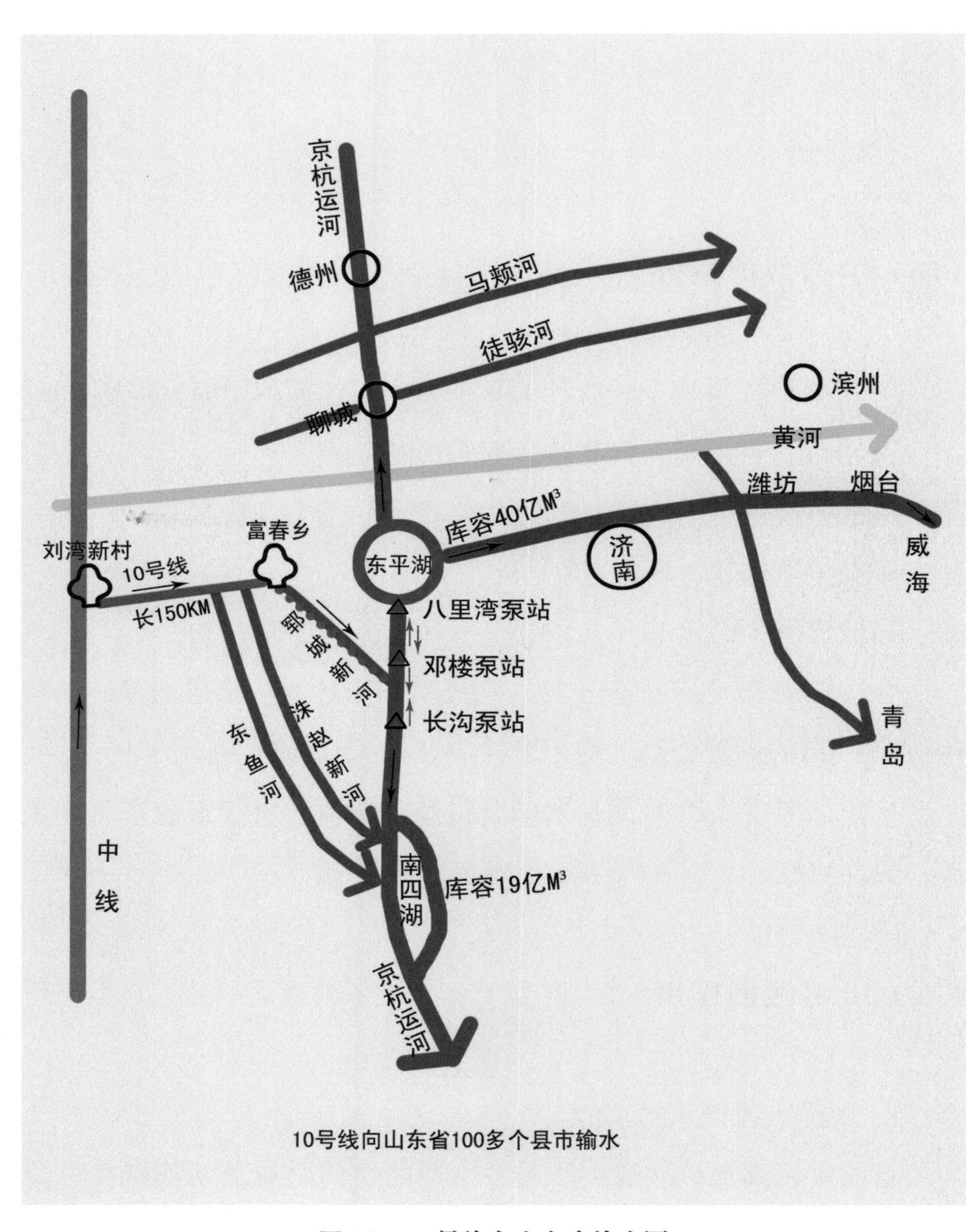

图 19 **10 号线向山东省输水图**

【参阅图 20、图 21】

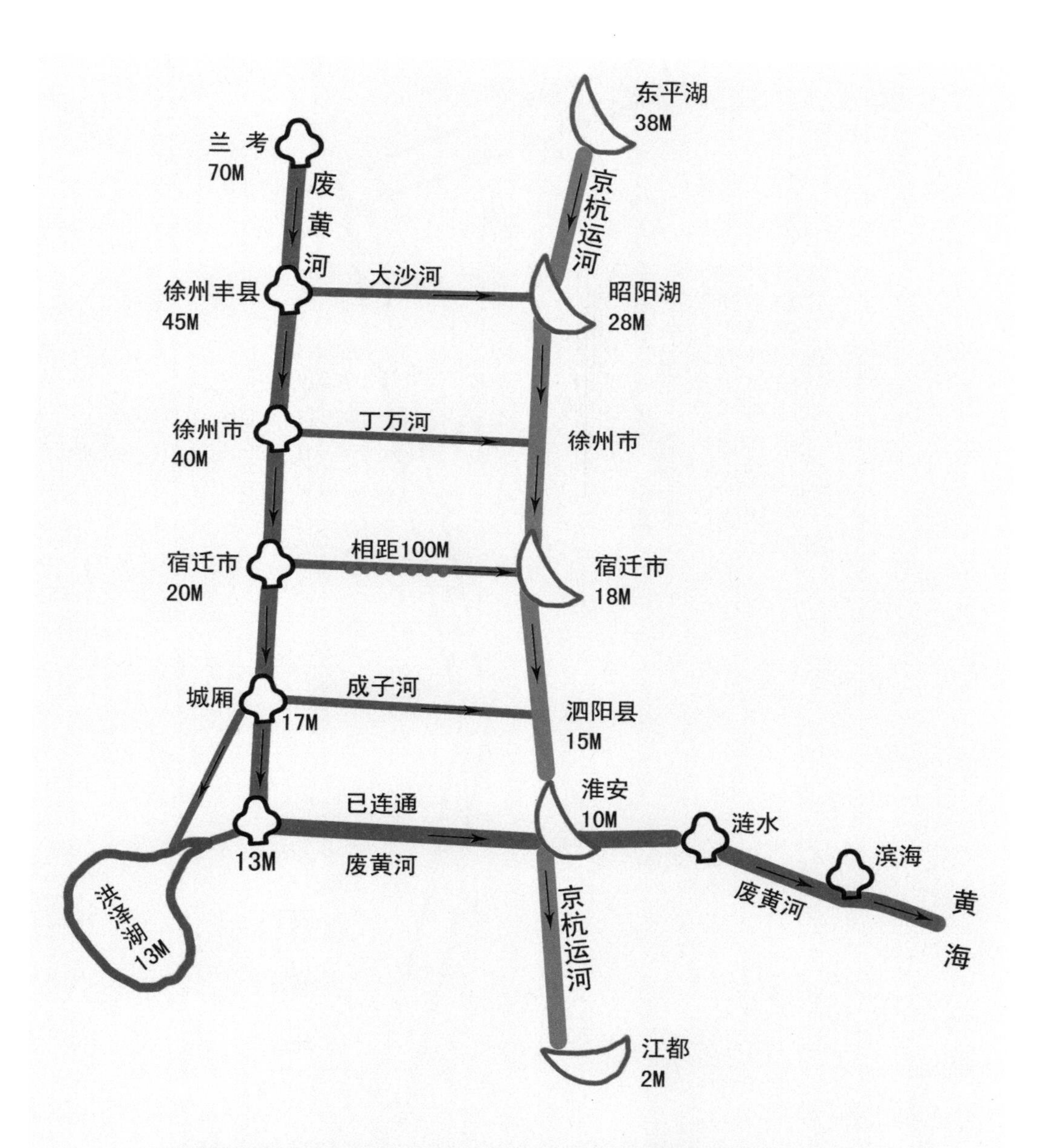

图 20　**废黄河与京杭运河海拔图**

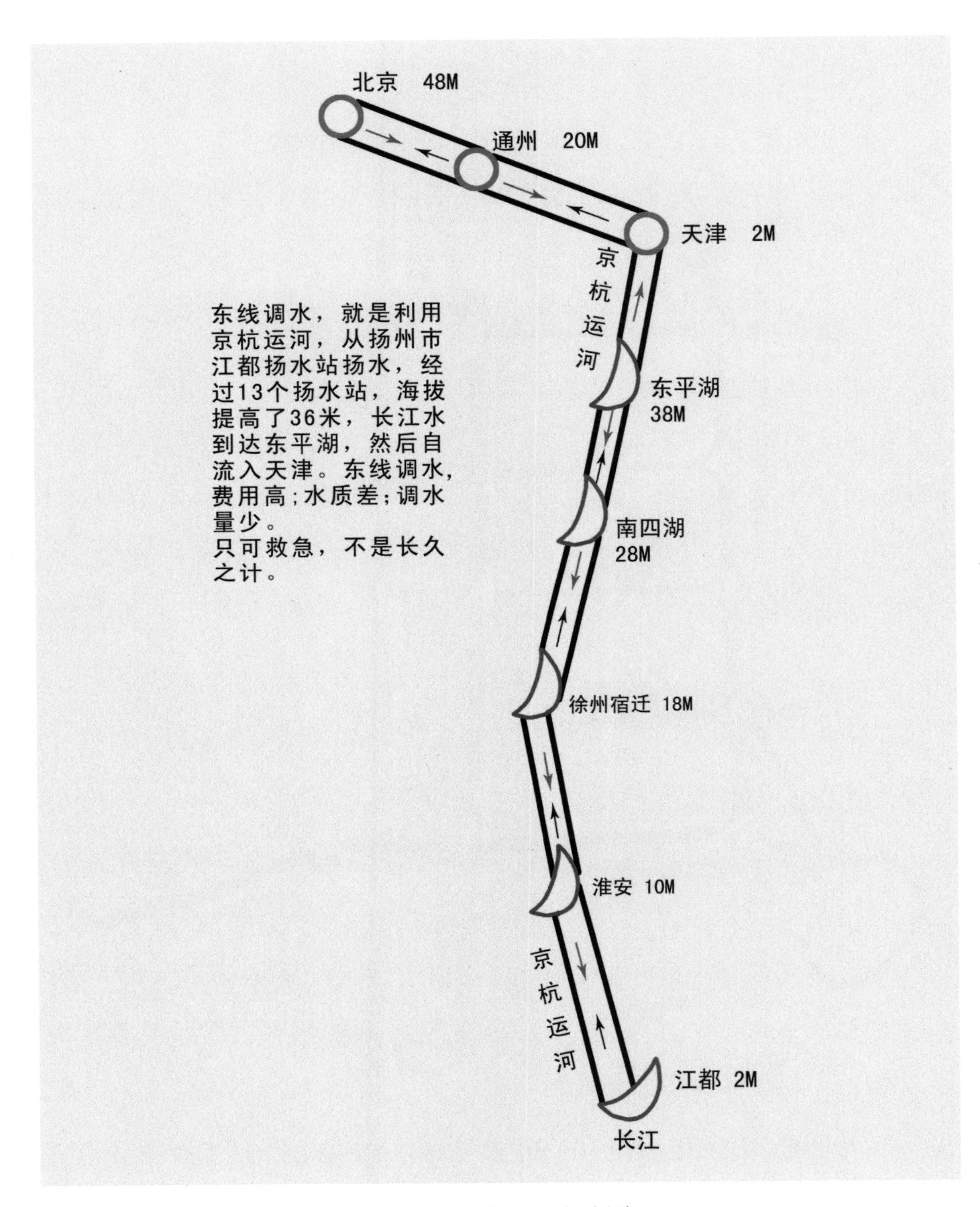
北京 48M
通州 20M
天津 2M
京杭运河
东平湖
38M
南四湖
28M
徐州宿迁 18M
淮安 10M
京杭运河
江都 2M
长江
东线调水，就是利用京杭运河，从扬州市江都扬水站扬水，经过13个扬水站，海拔提高了36米，长江水到达东平湖，然后自流入天津。东线调水，费用高；水质差；调水量少。
只可救急，不是长久之计。

图21　东线调水海拔图

目前，东线调水的路线是：江都（海拔 2 米）—淮安（海拔 10 米）—宿迁（海拔 18 米）—微山湖（海拔 28 米）—东平湖（海拔 38 米）—天津（海拔 2 米）—北京（海拔 48 米）。

从调水路线可以看出，调长江水从江都北流至东平湖，海拔从 2 米提高到 38 米，水才可北流，再从天津海拔 2 米提高到海拔 48 米，才可到达终点北京。海拔提高，从江都至东平湖要经过 13 级扬水站才能完成，用电量要多少，算不清，有的说要 10 元一立方米。调水路线长，水源容易受到污染。并且，调水量有限，无法满足京津冀鲁日益增多的用水需求。而 10 号线经郓城新河，流入京杭运河，代替东线调水，不仅水质好，而且需要多少就调多少，能调多少就调多少。

10 号线可将汉江之水经过东鱼河、新万福河和洙赵新河调入南四湖，京杭运河从此南流，不再北调。这样，江都扬水站可以停止运作。

如此，京杭运河的航运和灌溉功能将得到很大提升。

如此，山东的淮河流域不再缺水，即使是旱季也不缺水，需要多少就调多少。10 号线为东鱼河供水，流经东明县—曹县—定陶县—成武县—单县—金乡县—昭阳湖；10 号线为新万福河供水，流经东明县—菏泽市区—郓城县—巨野县—嘉祥县—济宁市区—南阳湖；10 号线为洙赵新河供水，流经定陶县—成武县—巨野县—金乡县—南阳湖。

10 号线所供之水，水质好，含沙量低，不再淤塞河道和湖泊。10 号线向京杭运河输水，二类水质，比从江都扬水站调来水质好，这将造福运河沿线的亿万人民。

2. 恢复废黄河的生机。

1885 年之后，黄河改道，流入渤海，这就是现在的黄河。黄河改道之后留下的旧河道，人们称之为“废黄河”，或称之为“黄河故道”，其实，到目前为止，仍是季节性河流，就是夏季有水，其他季节断流。

废黄河流经的路线是：兰考县—民权县—砀山县—徐州市—宿迁市—淮安市—涟水县—滨海县，最后流入黄海。

废黄河有两大特点：一是与京杭运河平行南流，且相对应的平行点都高于京杭运河；二是河床平均高于两岸 4 米。

10 号线在穿过兰考境内时，可顺势向废黄河输水，利用其上述两大特点，使其发挥作用。借助海拔较高的优势，废黄河沿途可向南四湖、骆马湖、洪泽湖和京杭运河输水。输水路线事实上是现成的，只是没有得到充分利用。借助废黄河河床高于两岸的特点，可向沿途两岸放水灌溉。

废黄河恢复了生机后，可正名为“南黄河”。废黄河、京杭运河和通榆河，三条河流平行，废黄河和京杭运河平行南流，而通榆河从南通经海安、响水北流，废黄河借助京杭运河作跳板，南流至江都，沿途或西流，流入洪泽湖、高邮湖和邵伯湖；或东流，经十

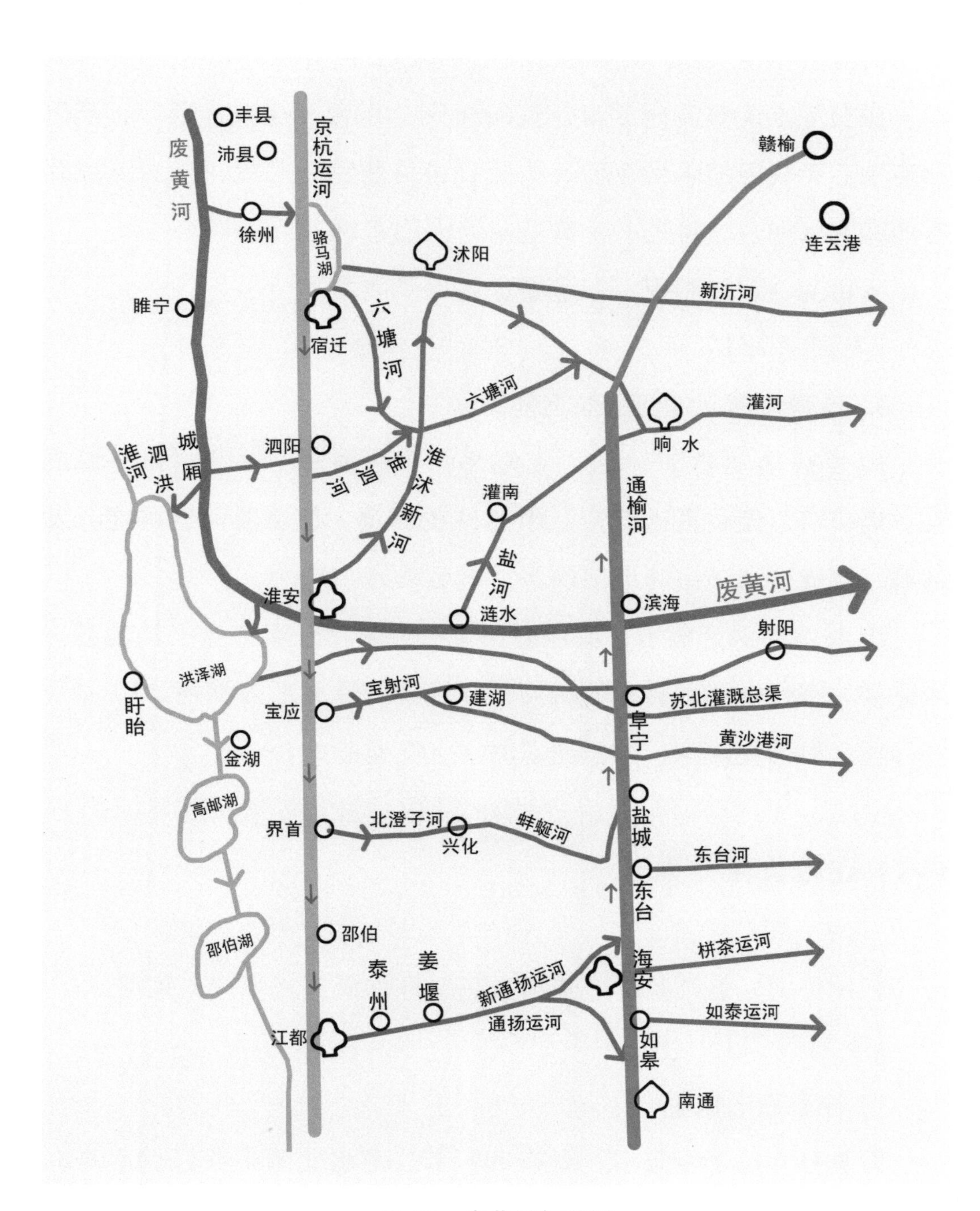
丰县
沛县
废黄河
京杭运河
徐州
骆马湖
沭阳
赣榆
连云港
新沂河
睢宁
宿迁
六塘河
六塘河
灌河
响水
淮河
泗洪
城厢
泗阳
淮泗河
淮沭新河
灌南
通榆河
盐河
淮安
涟水
滨海
废黄河
射阳
洪泽湖
宝应
宝射河
建湖
阜宁
苏北灌溉总渠
黄沙港河
盱眙
金湖
高邮湖
界首
北澄子河
兴化
蚌蜒河
盐城
东台河
东台
邵伯湖
邵伯
泰州
姜堰
新通扬运河
海安
栟茶运河
通扬运河
如泰运河
江都
如皋
南通

图 22 **废黄河复活图**

多条河流直接流入黄海；或北流，东流的十多条河流与通榆河交汇，在交汇点调整流向北流，流经海安、东台、盐城、阜宁、滨海和响水。废黄河的水可东流、西流，也可南流、北流，从而织成绵密的苏北水网，这将是一个典型的“海绵水网”。

废黄河一定要利用，一定要正名为“南黄河”。

【参阅图 22】

3. 增强黄河、淮河的航运能力。

10 号线向贾鲁河输水，流经郑州市—中牟县—开封市—尉氏县—周口市，最后汇入淮河。10 号线的开通，使贾鲁河有可能开发通航，形成连通黄河与淮河的水上航运线路。

10 号线向涡河输水，流经尉氏县—开封市—通许县—扶沟县—太康县—亳州—涡阳县—蒙城县—怀远县，最后汇入淮河。10 号线的开通，可强化河南、安徽两省的水上交通能力。

（六）连通长江、黄河

利用枯河，连通长江、黄河，将长江和汉江之水调入黄河。

【参阅图 23】

1. 连通点的位置

后真村，位于荥阳市，海拔 118 米。南水北调中线经过后真村西侧，海拔 120 米。枯河，是一条小河，自西向东，流经后真村、

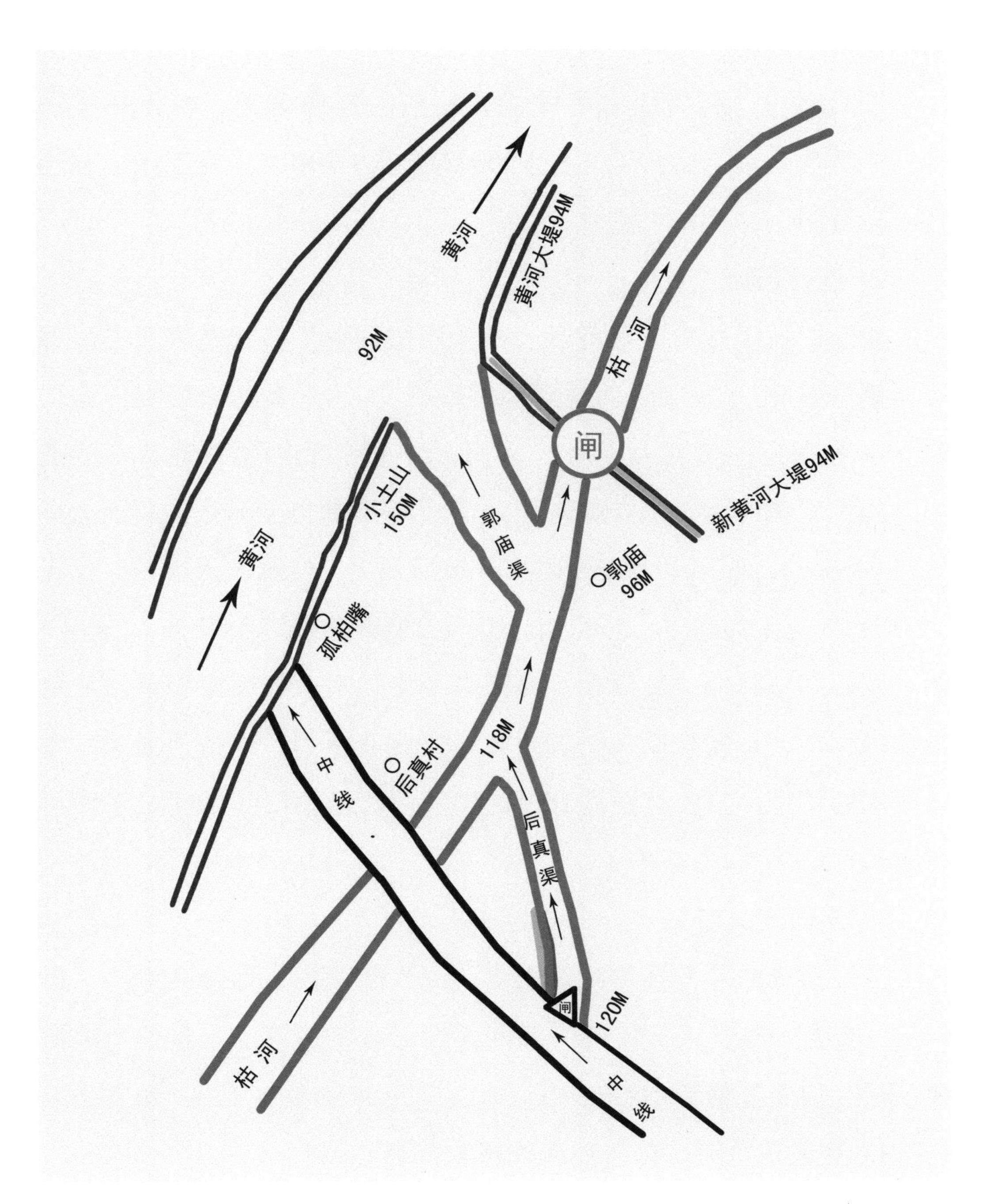

图 23　长江、黄河连通海拔图

唐冈水库、郭庙，最后流入索河。

在后真村，利用原有的中线和枯河的连通渠道，将其拓宽加深，形成后真渠。后真渠，长1 000米，宽1 000米，深5米。在连通点设置闸门，调控水量。

2. 连通黄河

郭庙，位于郑州市惠济区。在郭庙挖掘渠道，建造郭庙渠。郭庙西侧海拔96米，临近的黄河大堤海拔94米，黄河大堤堤内海拔92米。在靠近的黄河大堤海拔94米处，至郭庙西侧，建造新的黄河大堤。新黄河大堤海拔要高于94米。郭庙西侧至靠近的黄河大堤海拔94米处，挖掘渠道，同时打开黄河大堤，使水流入堤内，郭庙渠道开通，连通黄河。郭庙渠，长5 000米，宽2 000米，深1.5米。郭庙渠的西侧，是山丘，海拔高于100米，不用担心黄河从这里泛滥。枯河不能截断，新黄河大堤要建造闸门，让枯河通过，水量用闸门调控。只要打开后真村的中线闸门，长江和汉江之水便可流入黄河。

3. 连通废黄河

从已建成的兰考县黄河口引水，流入废黄河，途经兰考县—民权县—丰县—东鱼河，流入南四湖，保证京杭运河的水量。河道需要疏浚，但工程量较小。

4. 连通东鱼河、洙赵新河、郓城新河

从已建成的东明县黄河口引水，流经曹县—定陶县—成武县—

单县—金乡县，流入南四湖，保证京杭运河的水量。

从已建成的东明县黄河口引水，流入宋寨村—菏泽市—郓城县—巨野县—嘉祥县—晋宁县，流入南四湖，保证京杭运河的水量。

从已建成的鄄城县黄河口引水，流入郓城新河，直接流入京杭运河，保证京杭运河的水量。

5. 连通长江黄河的造价

后真渠长 1 000 米，郭庙渠长 5 000 米，合计长 6 000 米，每千米造价 5 000 万元，合计造价 3 亿元。利用郭庙渠挖出的废弃泥土，建造新黄河大堤，费用大约 3 亿元。新黄河大堤上的枯河闸门，建造费用大约 1 亿元。其他费用 3 亿元。连通长江黄河造价，总共大约 10 亿元。

连通长江、黄河，可以替代 10 号线，但是，长江之水流经黄河后，再流入其他河流和京杭运河，将带入大量泥沙，所以替代只能是临时的。要长久替代，要等长江、黄河连通 10 年后，待黄河下游排沙完成，才有可能实现。利用小浪底和三门峡水库卡断水流，黄河下游上半年断流下半年放水，也可能将就替代。替代有一大好处，就是工期短，费用少，见效快。

黄河下游关系到河南省和山东省的经济发展。黄河下游两岸分布 20 多个县市，每个县市都引黄灌溉，关系到 100 多个县市的利益，缺水、断流和污染，已经严重影响了两省的经济发展。因此，连通长江、黄河是一项紧迫的任务。

三、11 号 线

我的家乡在苏北，那里有个小村子，叫西圩庄，住着十来户人家。几十年来，家家有人生癌，甚至十多岁的孩子也生癌。自从用上自来水后，情况大为好转。我一直在想，为什么？

我童年时的记忆，这个小村子的人，喝的是同一口水井的水。水井的周围是盐碱地，总是白茫茫的，不长庄稼，即使勉强长出，也没有收成。

我猜想，井水一定含有对人体有害的盐碱或其他有害物质，这是这个小村子的人生癌的主要原因。

我讲这个真实的故事，是说明饮用水对人体健康非常重要。我想，多花点钱从千里外调用优质饮用水，就是多花点钱买来老百姓的健康，是值得的。

建造 11 号线，目的之一就是解决沿途老百姓的饮用水问题，特别是京津冀地区老百姓的饮用水问题。

2 号线和多松大坝完工后，若尔盖湖水多，就能建造 11 号线。

11 号线所引的就是黄河源头最优质的好水。

（一）11 号线的路线

欧强村　　甘肃省玛曲县

尕克村　　青海省河南县

纳浪乡	甘肃省卓尼县纳浪乡水库
荣丰村	甘肃省临洮县
沈家河	宁夏固原市沈家河水库
七步掌	甘肃省环县七步掌滩
红庄	陕西省定边县
红碱淖	陕西省神木县
岱海	内蒙古凉城县
万全县	河北省张家口市
白河堡	北京市延庆县白河堡水库

从甘肃省玛曲县的黄河调水，途经青海、甘肃、宁夏、陕西、内蒙古、河北，最后流入北京白河堡水库。

（二）11号线的隧道距离

欧强村	0千米	始发地
尕克村	50千米	
纳浪乡	0千米	利用洮河河道
荣丰村	65千米	利用5号线的隧道
沈家河	240千米	
七步掌	120千米	
红庄	60千米	

红碱淖	280 千米
岱海	300 千米
万全县	100 千米
白河堡	60 千米

11 号线隧道全长 1 275 千米，包括利用 5 号线的隧道 65 千米。

【参阅图 24】

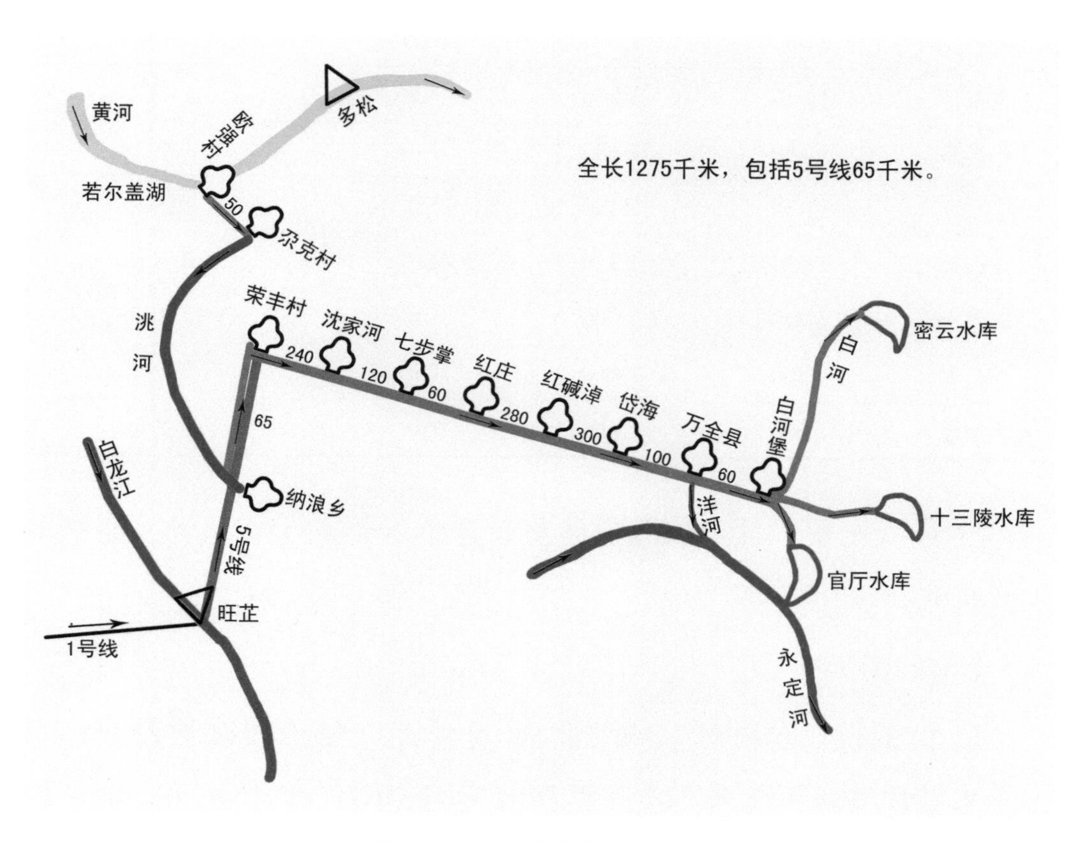

图 24　11 号线隧道距离图

（三）11 号线的海拔

（单位：米）

	地面海拔	隧道海拔	海拔落差	每千米平均下降
欧强村	3 420	3 420		
尕克村	3 360	3 360	60	1.2
纳浪乡	2 424	1 980	936	（利用洮河河道）
荣丰村	1 960	1 900	60—524	0.9—8
沈家河	1 640	1 640	320	1.3
七步掌	1 550	1 500	140	1.2
红　庄	1 430	1 430	70	1.1
红碱淖	1 220	1 220	210	0.8
岱　海	1 220	900	320	1.1
万全县	700	650	250	2.5
白河堡	600	600	50	0.8

11 号线全程，任一段海拔落差，每千米不低于 0.8 米，能保证水的自流。

【参阅图 25】

1. 欧强村—尕克村，两地距离 50 千米，隧道海拔落差 60 米，每千米平均下降 1.2 米。在欧强村的黄河北岸，建造闸门，调控 11 号线的水量，防止水量过大，造成水灾。

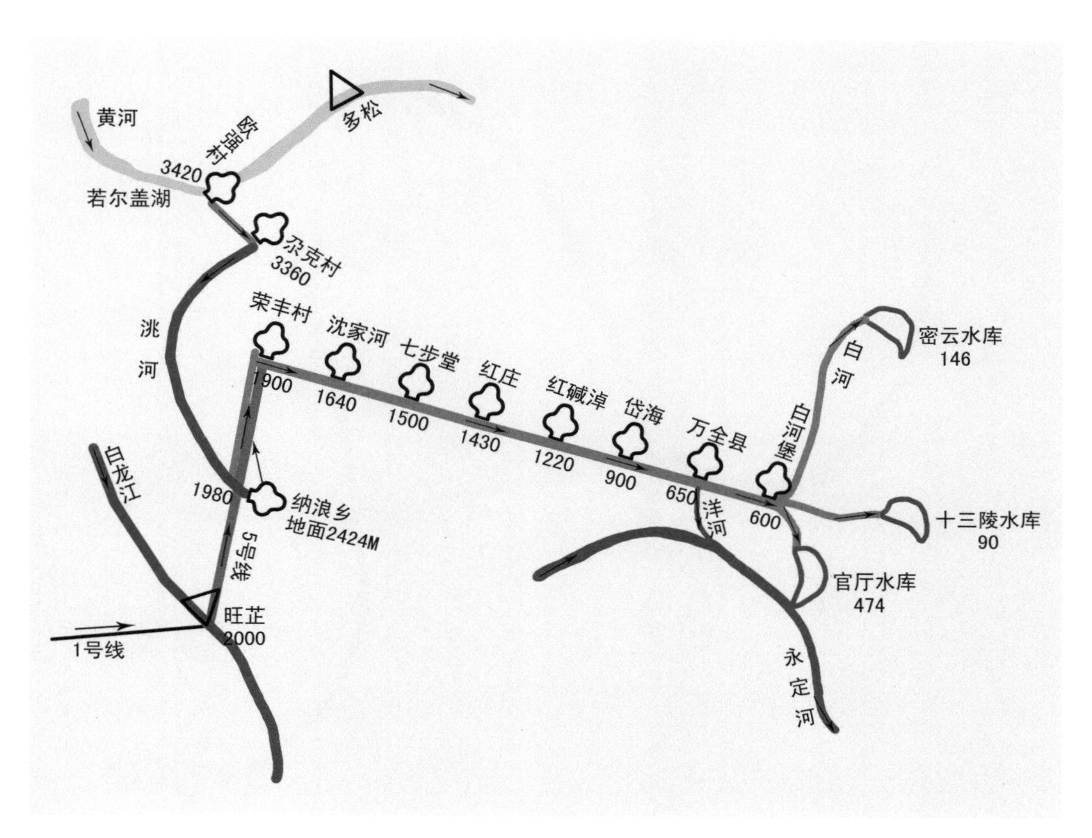

图 25　**11 号线隧道海拔图**

【参阅图 26】

2. 尕克村—纳浪乡，利用洮河河道输水，不需挖掘隧道。

3. 纳浪乡—荣丰村。

a. 每年洪水期，由 1 号线和 5 号线利用 1 号线的剩余水量，向 11 号线输水，水量不足时，由 11 号线自行补充。旺藏海拔 2 000 米，荣华村海拔 1 960 米，两地距离 130 千米，海拔落差 40 米，隧道每千米平均下降 0. 3 米，输水量较小，但无妨，因为洪水期 10 号

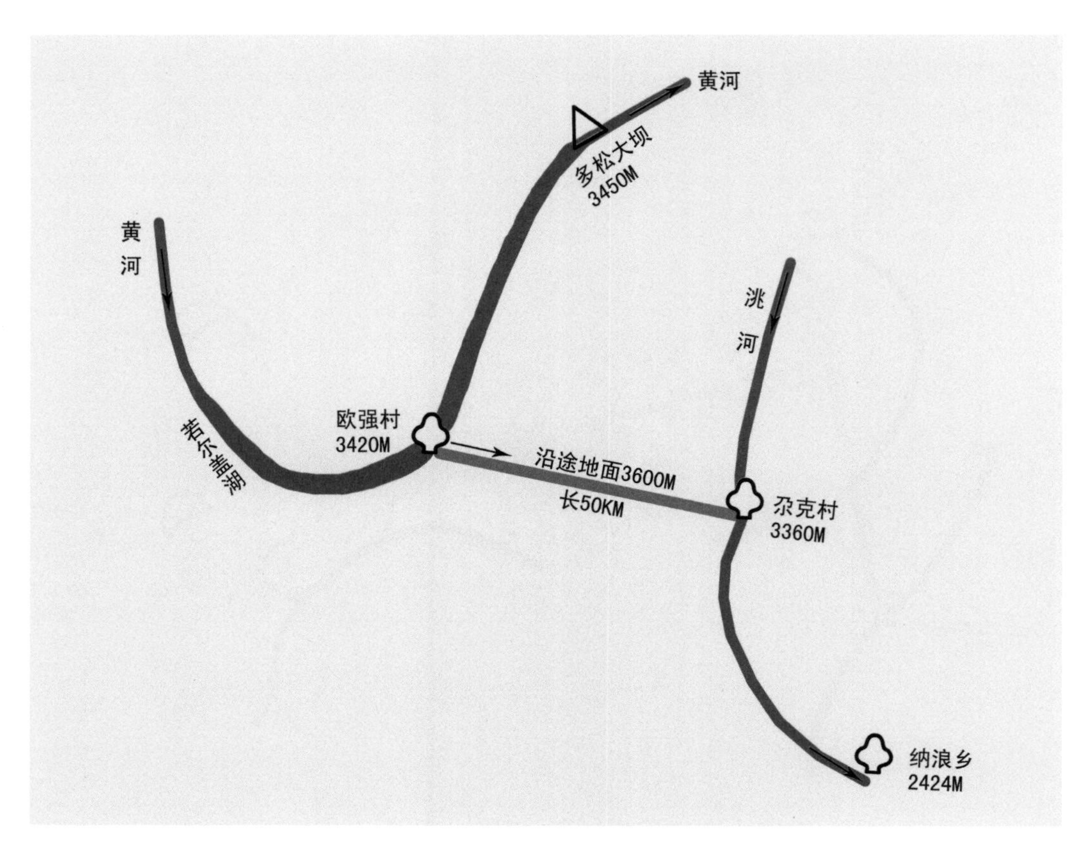

图 26　11 号线尕克村海拔图

线沿途缺水的状况相对较轻。

b. 每年洪水期过后，关闭 5 号线上游旺藏—纳浪段，同时打开 5 号线下游纳浪—荣丰段，由 11 号线经纳浪乡水库向下游输水，纳浪乡海拔 2 424 米，荣华村海拔 1 960 米，隧道海拔落差 464 米，两地距离 65 千米，每千米平均下降 7.1 米，输水量大增。

c. 每年洪水期，5 号线水量过剩，放入洮河，以便下游利用。但必须在荣丰村设置闸门，调控水量。

【参阅图 27】

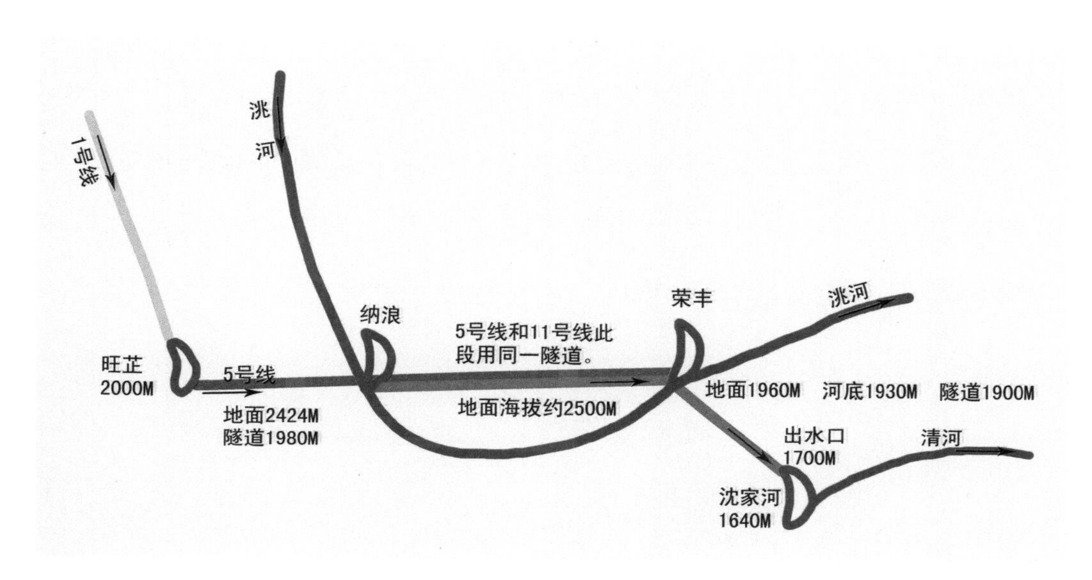

图 27　**11 号线纳浪海拔图**

4. 荣丰村—沈家河

a. 在荣丰村，11 号线隧道通过洮河的底部 1 930 米，隧道海拔 1 900 米。

b. 在沈家河水库的高程海拔 1 700 米，设置闸门，按需向宁夏的清水河放水。沈家河水库海拔 1 640 米。

5. 沈家河—七步掌

a. 七步掌海拔 1 500 米，介于苦水河和泾河源头中间最高点。

b. 在七步掌，11 号线隧道向西挖掘支线隧道，长 2 千米，直径 2 米，并设置闸门，按需向宁夏的苦水河—黄河放水。

c. 在七步掌，11 号线隧道向东挖掘支线隧道，长 2 千米，直径

5 米，并设置闸门，按需向甘肃的环江/环县和马莲河/庆城/宁县放水，流入陕西/彬县/泾河，最后经咸阳、西安汇入渭河。七步掌东支线可每年向西安供水 5 亿立方米，彻底解决西安缺水问题。

d. 11 号线在七步掌向渭河放水，4 号线从新铺向渭河放水，两条线向渭河放水，能确保渭河流域的用水安全，也能保证黄河下游的用水安全，供水量能大能小，可按需放水。

【参阅图 28】

在七步掌，黄河上游的优质水，包括洮河上游的优质水，不再

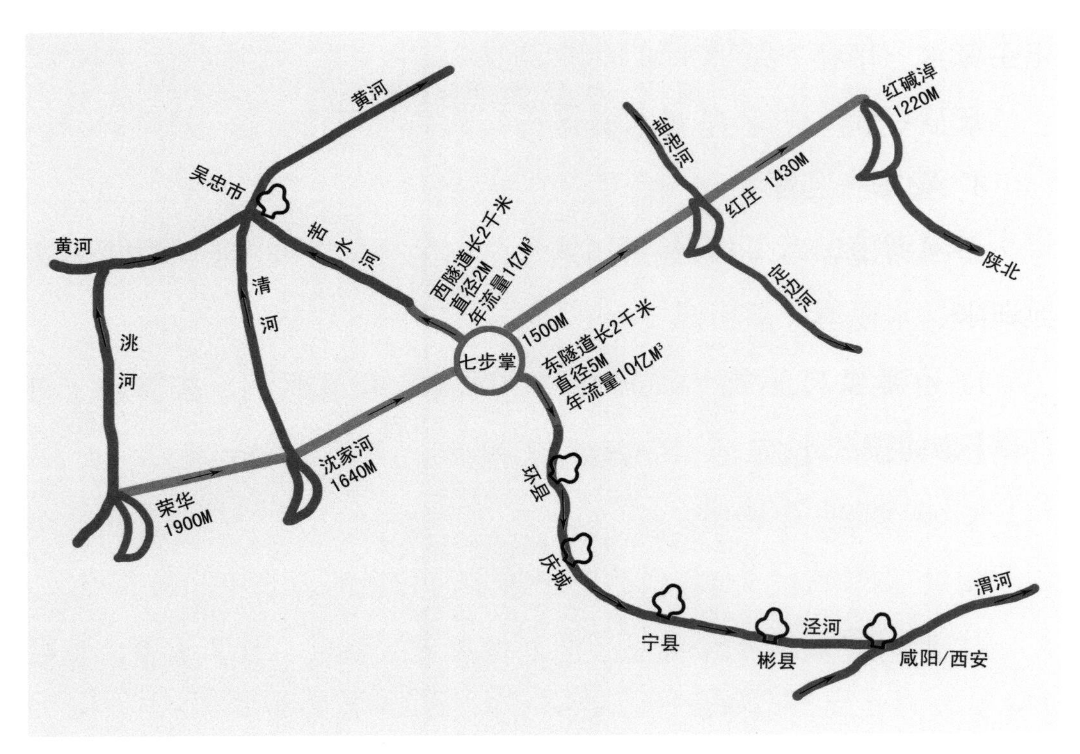

图 28　11 号线七步掌海拔图

通过黄河中游，不再通过内蒙古沙漠地带，直接经过渭河流入黄河下游，水多沙少，为黄河下游改道北流，创造了有利条件。

【参阅图 29】

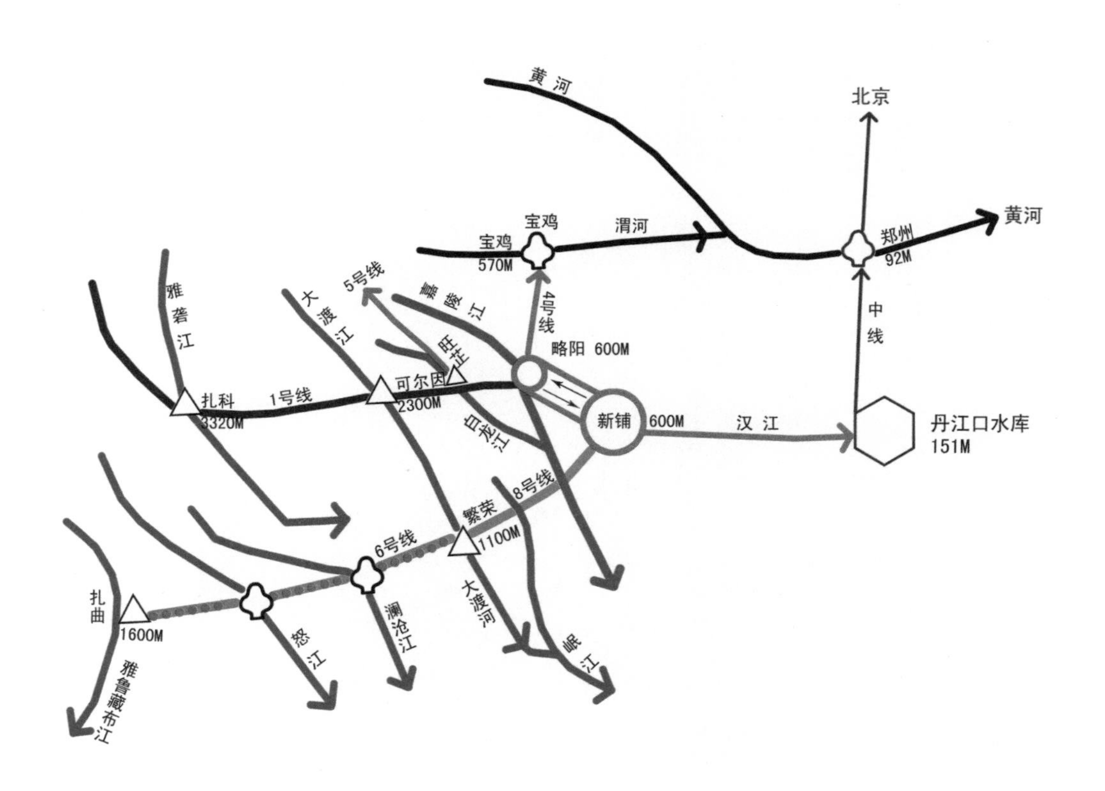

图 29　新铺调水枢纽海拔图

6. 七步掌—红庄

a. 在红庄，11 号线向西挖掘支线隧道，长 2 千米，直径 2 米，并设置闸门，按需放水，水顺着地势，流入宁夏盐池县，形成河流，沿路灌溉沙化土地。这条新河流可命名为“盐池河”。

b. 在红庄，11 号线向东挖掘支线隧道，长 2 千米，直径 2 米，并设置闸门，按需放水，水顺着地势，流入陕西定边县，形成河流，最后流入红柳河，沿途灌溉沙化土地，这条新河流可命名为“定边河”。

【参阅图 30】

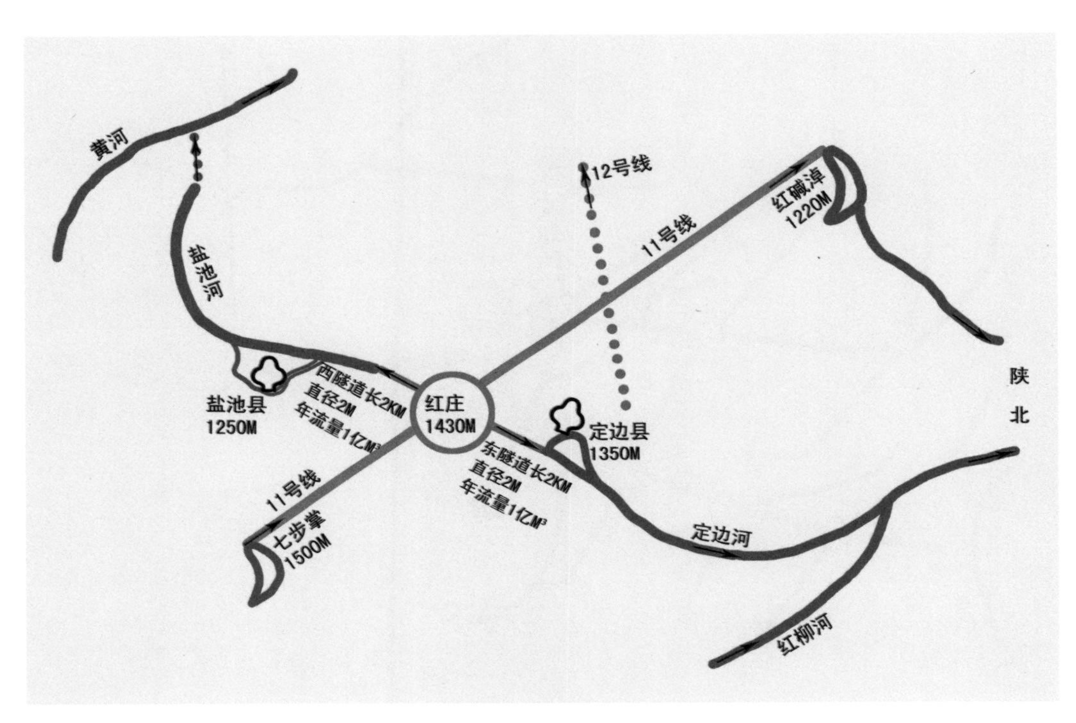

图 30 **11 号线红庄海拔图**

7. 红庄—红碱淖

a. 此段隧道将与 12 号线交叉，12 号线隧道海拔 1 300 米，因此 11 号线在交叉处海拔应该在 1 300 米以下，做到两条线互不妨碍。11 号线隧道海拔应该是 1 280 米。

b. 红碱淖是毛乌素沙漠最大的淡水湖，面积 90 平方千米，湖容 8 亿立方米。近年红碱淖水量锐减，有可能干涸，如果干涸，将对这一地区的生态环境产生不良影响。

11 号线向红碱淖放水，可以充分利用其湖容，减缓调水量不均的压力，同时利用红碱淖向陕西榆林地区供水，使红碱淖永不干涸。

8. 红碱淖—岱海（东房子）

a. 岱海面积 160 平方千米，是高原湖泊，水容量 10 亿立方米。岱海是咸水湖，湖内生长几十种淡水鱼类，如鲤鱼、鲫鱼，等等，这说明岱海是含盐量很低的咸水湖。

b. 首先，隧道 12 号线通过岱海北侧的五号村，设置闸门，向岱海放水，增加水量，降低岱海水的含盐度。然后，在岱海的南侧，11 号线通过的东房子，挖掘支线隧道，联通岱海，并在支线隧道与岱海接通口，建造闸门，控制水流量。五号村海拔1 285 米，岱海海拔1 220 米，东房子 11 号线隧道海拔 900 米。

c. 将岱海改造为淡水湖

隧道 12 号线从北侧向岱海放水，水面升高，自动流入 11 号线的支线闸门，经 11 号线隧道流向万全县出水口，最后流入洋河、永定河。本来岱海的水含盐度很低，经冲淡后含盐度更低，流出岱海的水对流经河流应该没有负面影响。为慎重起见，支线闸门调控出水量一次不要太多、太急，可分批、逐步地将岱海的原有含盐的水换出，将岱海改造为淡水湖。

d. 将岱海改造为北京的备用水库

12 号线不间断按需向岱海放水，11 号线逐渐将岱海的水放出，岱海水面不断升高，去盐化的力度不断加大，使得湖水可以饮用；岱海水面海拔 1 220 米，水位升高 10 米，岱海水量增加 16 亿立方米；岱海水位升高 20 米，岱海水量增加 36 亿立方米，将淹没岱海周边的部分村庄；岱海水位升高 50 米，岱海水量增加 100 亿立方米，但必须将岱海周边城镇的 20 万人口迁出；11 号线和 12 号线完工后，岱海就可成为北京的备用水库，备用水量不少于 10 亿立方米；要想大幅增加岱海水量，就必须移民。从长远观点看，移民增加岱海水量，将岱海改造为北京的备用水库，福泽京津冀地区，是值得的。

【参阅图 31】

e. 连通岱海—汾河水库

岱海至汾河水库，挖掘隧道，长 300 千米，直径 5 米，连通岱海—汾河水库，简称“汾河隧道”。

岱海海拔 1 220 米，太原市汾河水库海拔 1 120 米，汾河隧道海拔落差平均每千米下降 0. 33 米，每年可为山西省输送优质饮用水 15 亿立方米。

汾河隧道沿途向大同、朔州、沂州和太原输水，全程自流，流入汾河，最后汇入黄河，纵贯山西全省。

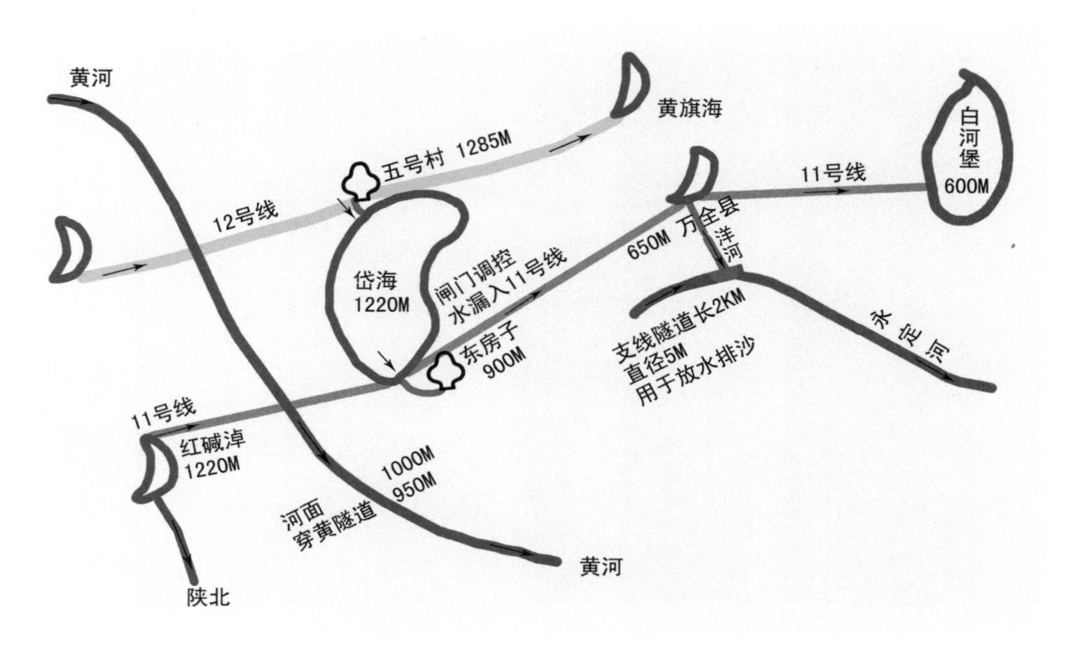

图 31　**11 号线岱海海拔图**

【参阅图 32】

11 号线和 12 号线一旦成功，山西省不再需要从黄河抽水。黄河抽水，水质差，费用高。

汾河隧道的建造费用，另计。

9. 岱海—万全县

在万全县，11 号线向南挖掘支线隧道，长 2 千米，直径 5 米，用于放水、排沙，流入洋河、永定河。

万全县地面海拔 700 米，11 号线隧道海拔 650 米，支线隧道和支线隧道出水口海拔要低于 650 米。在支线隧道出水口，设置闸门，控制水的流量。

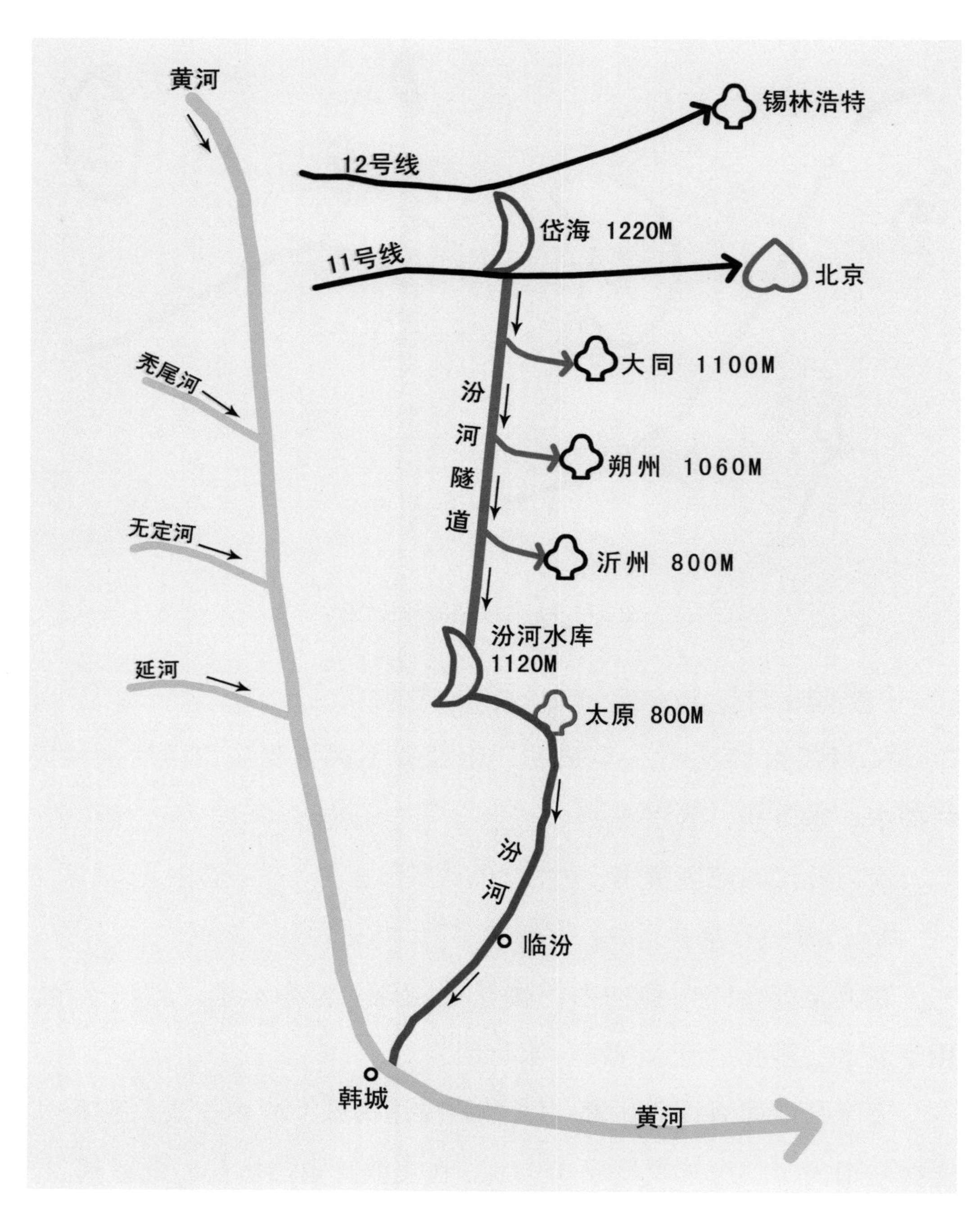

图 32　汾河隧道输水海拔图

10. 万全县—白河堡

在白河堡水库，11 号线向京津冀按需放水。

（四）白河堡水库

1. 北京五个水库的基本情况

白河堡水库海拔 600 米，库容 9 000 万立方米，由白河流入；

官厅水库海拔 474 米，库容 42 亿立方米，由桑干河、白河调入，然后流向永定河；

密云水库海拔 146 米，库容 40 亿立方米，由白河和潮河流入，然后流向下游天津；

十三陵水库海拔 90 米，库容 6 000 万立方米，主要由白河堡水库调入，然后流向沙河；

怀柔水库海拔 60 米，库容 1 亿立方米，主要从密云水库调入。

官厅水库水质较差，曾一度终止向北京供水，目前密云水库是北京主要水源，为北京供水。

2. 将白河堡水库建造为京津冀调水枢纽

a. 白河堡水库藏在深山密林中，卧于白河上游，位于北京市延庆县境内。白河堡水库最大的特点是：在北京五大水库中海拔最高，水质最好。白河堡水库已初具北京调水中心的功能，目前已向密云水库、官厅水库和十三陵水库调水，只是因为水量少，所调水量非常有限。

b. 在官厅水库的最狭窄处建坝，将官厅水库改造为南官厅水库和北官厅水库。永定河的水不准流入北官厅水库，因其水质较差。北官厅水库的水由11号线经白河堡水库流入。

c. 官厅水库改造后，造成永定河防洪能力减退，可在永定河上游建造水坝补救。当然，北官厅水库万不得已时，也可以打开，恢复原有蓄洪能力。

d. 白河堡水库原有向官厅水库调水的小河道无法大规模调水，必须拓宽、加深，增大流量。

e. 白河堡水库库容太小，必须尽可能多地向官厅水库、密云水库和十三陵水库放水，必须尽可能多地腾出库容，腾出的库容留给11号线的水流入。特别在夏季，11号线水多，要谨防流入白河堡水库的水太多，造成水灾。控制11号线的流量，闸门应该设置在万全县。

f. 岱海（包括内蒙古凉城县）划归北京管辖，逐步改造为北京水库。

g. 白河堡水库有了11号线的水源，还有岱海作备用水库，就可能成为京津冀调水枢纽。首先向北官厅水库放水冲洗，将劣质水冲出，流入南官厅水库、永定河下游，将北官厅水库的水逐步改善，使之变成优质饮用水。

夏季，南官厅水库的水，主要通过永定河向南流入河北省。

旱季，北官厅水库的水放出，永定河水质改善，主要流入北京。

h. 永定河水多，经三家店水闸，流入永定引水渠，流入北京市区，冲刷市内河渠，改善北京环境。

永定引水渠引水路线是：

南支线，玉渊潭—西护城河—南护城河—东护城河—通惠河—通州，全部是明渠；

北支线，玉渊潭—紫竹院湖—南长河—北护城河—东便门—通惠河—通州，大半是明渠。

i. 永定河水多，流入河北省廊坊和白洋淀地区，改善周边生态。

j. 京津冀水量重新分配。

白河堡水库逐步代替密云水库向北京供水：

中线，白河堡水库（海拔 600 米）—十三陵水库（海拔 90 米）—沙河水库（海拔 37 米）—温榆河—通州（海拔 20 米）。目前已形成，加大供水量即可。

南线，白河堡水库（海拔 600 米）—十三陵水库（海拔 90 米）—九龙湖（海拔 53 米）—京密引水渠（海拔 52 米）—昆明湖（高程海拔 51 米）—玉渊潭（海拔 50 米）。九龙湖—京密引水渠，相距不超过百米，连通即可。其余都是利用现有渠道。

北线，白河堡水库—白河—密云水库。

11 号线流入白河堡水库，首先满足十三陵水库向北京市内供水需求，其次流入北官厅水库，剩余的流入密云水库。密云水库作为北京的备用水库。北官厅水库为北京第一备用水库，旱季向永定河输水。永定河流入北京门头沟区、石景山区、丰台区、房山区、大兴区，流经河北省廊坊，经天津，注入渤海。密云水库和怀柔水库主要为天津供水，逐步代替滦河水，引滦入津的滦河水逐步让给河北省。引滦入津的滦河水让与河北省，用不完的水蓄于滦河上的潘家口水库和大黑汀水库，两个水库总库容 30 亿立方米，作为天津和河北省的备用水源。密云水库和怀柔水库向潮白河放水，经过通州，流入潮白新河，在天津宝坻与引滦入津渠道衔接，末端进入天津市区。全部利用现有河道。河道可改称为“密津河”。“密津河”应防止其他河流流入，以杜绝污染。

k. 北京可发展水上旅游，路线是：昆明湖—玉渊潭—西护城河—南护城河—东护城河—通惠河—通州—温榆河—京密引水渠—昆明湖。当然，有的航段需要疏通，但工程量不大。

l. 团城湖

团城湖位于昆明湖西侧，水面面积 30 万平方米，湖容 60 万—150 万立方米。

团城湖是南水北调中线的终点。

团城湖同时向北京多个水厂供水：第三水厂、第九水厂、城子水厂、田村水厂、长辛店水厂，等等。目前，大部分的北京居民都喝团城湖的水。

11 号线的水，从白河堡水库流经十三陵水库—九龙湖，衔接京密引水渠，流入终点团城湖，为北京居民提供最优质的水。

m. 白河堡水库从高处俯瞰南北，保证北京供水的同时，还调控潮白河和永定河两大水系，兼顾了天津、河北，成为京津冀的调水枢纽。

n. 京津冀地区，是中华民族的发祥地之一，最适合人类居住。一旦水量丰沛，未来必将更加美好。

【参阅图 33】

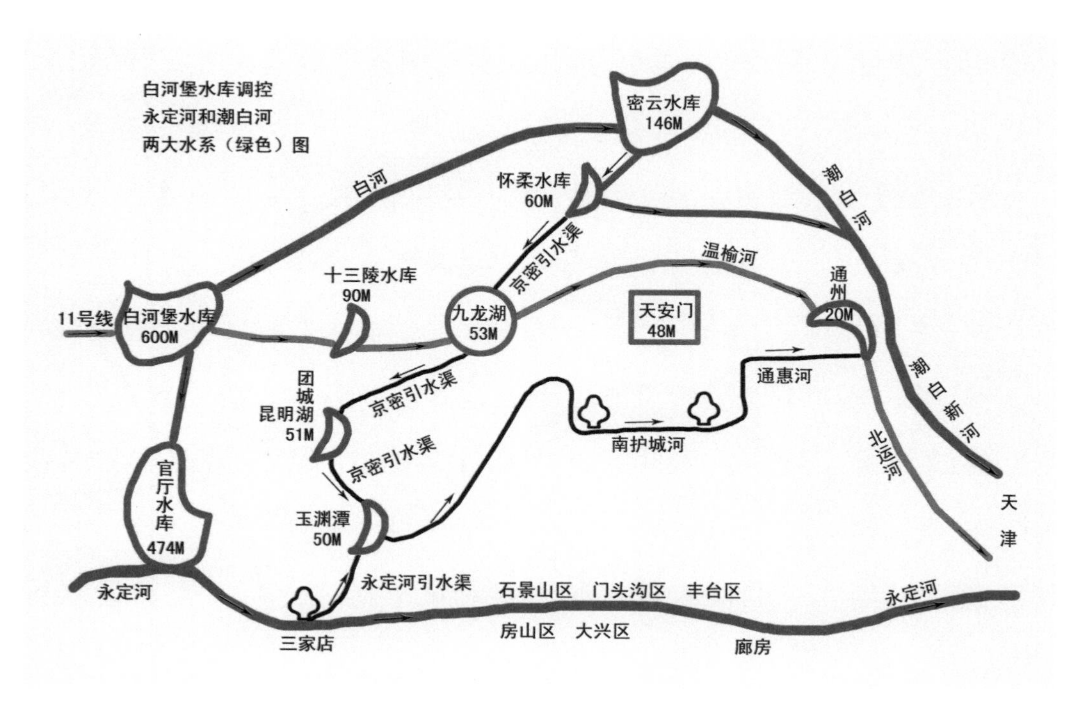

图 33　**北京供水海拔图**

（五）11 号线调水量

1. 水源

1 号线从大渡河、雅砻江调水，经 5 号线流入 11 号线，洪水期可调水 100 亿立方米；若尔盖湖，每年蓄水 150 亿立方米。

2. 调水能力

11 号线全程任一段，平均每千米海拔下降 0.8 米，隧道直径 15 米，能确保完成年调水 60 亿立方米的任务。

3. 调水方法

洪水期由 1 号线、5 号线供水，洪水期过后由若尔盖湖供水。

4. 调水量

11 号线为京津冀、西安等大中小城市调水，供城镇居民饮用，水源地优先保证，需要多少调多少，能调多少调多少。

5. 水量分配

经沈家河水库，流入清河，年流量 1 亿立方米，为宁夏供水；

经七步掌，向东流入泾河，年流量 5 亿立方米，为西安和沿线中心城市供水；

经七步掌，向西流入苦水河，年流量 1 亿立方米，为沿途农村供水；

经红庄，向东，年流量 1 亿立方米，为小城镇和农村供水；

经红庄，向西，年流量 1 亿立方米，为小城镇和农村供水；

经红碱淖，向东，年流量 1 亿立方米，为榆林地区供水；

经万全县和白河堡水库，年流量 50 亿立方米，为京津冀供水。

水量分配，总计每年 60 亿立方米，只会多，不会少。

（六）11 号线造价

隧道全长 1 275 千米，包括与 5 号线共用隧道 65 千米，实际挖掘隧道 1 210 千米。隧道直径 15 米。

隧道每千米造价 3 亿元，合计造价 3 630 亿元。

支线隧道合计造价 20 亿元。

其他费用 50 亿元。

11 号线合计造价 3 700 亿元。

11 号线分阶段实施，逐步推进，可减轻投资压力。

a. 第一阶段

挖通欧强村—尕克村隧道和荣丰村—七步掌隧道，两段隧道合计长 410 千米，隧道费用 1 230 亿元。费用不包括 5 号线的 65 千米隧道。

好处：

一是向东输水，泾河全流域得益，沿途包括环县、庆城、宁县、彬县、咸阳和西安，西安以下的渭河水量也能得以补充。

二是向西输水，宁夏的清水河和苦水河用水量能够满足。

三是向东和向西输水，无论是洪水期或是枯水期，所需水量都能得以满足。

四是1号线的洪水能及时得以调出，避免浪费。

向东输水年流量约5亿立方米，向西输水年流量约2亿立方米。水源超过每年100亿立方米，其中包括1号线的水源和若尔盖湖的水源。11号线该段调水能力超过每年50亿立方米。

b. 第二阶段

挖通七步掌—红庄—红碱淖隧道，长340千米，费用1 020亿元。

好处：

一是向东输水，形成定边河，沿途灌溉沙化土地，同时为定边县提供优质饮用水。

二是向西输水，形成盐池河，沿途灌溉沙化土地，同时为盐池县提供优质饮用水。

三是可以从盐池河引水灌溉毛乌素沙漠。

四是红碱淖可得到充足优质水源，同时能为榆林地区提供优质饮用水。

c. 第三阶段

挖通红碱淖—岱海—万全县—白河堡隧道，长460千米，费用1 380亿元。

好处是：京津冀每年能得到50亿立方米的优质饮用水。

四、12 号线

每年3、4月份，半个中国都遭受沙尘的威胁，特别是京津冀地区，沙尘漫天，对面看不清，严重威胁人民的生活和生产安全。沙尘暴的源头主要是库布齐沙漠、毛乌素沙漠、浑善达克沙地和科尔沁沙地。12号线就是引水流入这四大沙漠，将沙漠变为绿洲，消除沙尘的源头。我国人口多，只有18亿亩土地，产量有限，12号线将四大沙漠变为绿洲，可增加5 000万亩耕地。

（一）12号线的路线

梅川镇	甘肃省岷县梅川镇洮河水库
海子峡	宁夏固原市海子峡水库
红庄	陕西省定边县
中图村	内蒙古鄂尔多斯市杭锦旗
岱海	内蒙古凉城县
黄旗海	内蒙古察哈尔右翼前旗
星耀水库	内蒙古正镶白旗
北支线	
宏图	内蒙古正镶白旗
东支线	
民乐村	内蒙古正蓝旗
达里诺尔	内蒙古克什克腾旗

【参阅图 34】

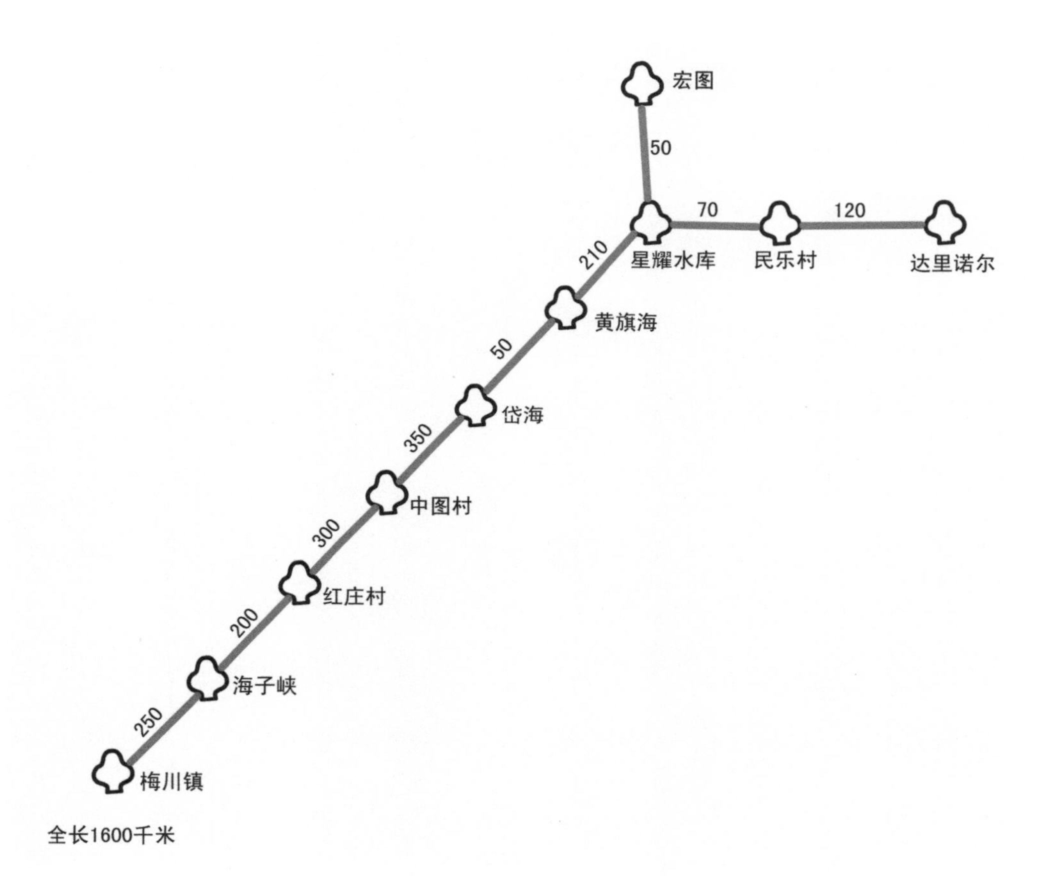

图 34　**12 号线隧道距离图**

（二）12 号线的距离

梅川镇	0 千米
海子峡	250 千米

红庄村	200 千米	
中图村	300 千米	
岱海	350 千米	
黄旗海	50 千米	
星耀水库	210 千米	
北支线		
宏图	50 千米	
东支线		
民乐村	70 千米	
达里诺尔	120 千米	
主隧道全长	1 360 千米	隧道直径 15 米
北支线隧道长	50 千米	隧道直径 10 米
东支线隧道长	190 千米	隧道直径 10 米

（三）12 号线隧道海拔和地面海拔

	隧道海拔（米）	地面海拔（米）	
梅川镇	2 300	2 300	洮河
海子峡	1 600	2 000	
红庄村	1 400	1 430	
中图村	1 300	1 520	
岱　海	900	1 280	水面海拔 1 220 米

续 表

	隧道海拔（米）	地面海拔（米）	
黄旗海	900	1 280	
星耀水库	1 260	1 350	
北支线			
宏　图	1 150	1 150	柴日图音高勒（河）
民乐村	1 255	1 300	
达里诺尔	1 240	1 240	

【参阅图 35】

1. 第一段，梅川镇洮河水库—海子峡水库，倒虹吸工程。

a. 两地距离 250 千米，隧道海拔落差 700 米，平均每千米落差 2. 8 米。

b. 两地最低点在静宁县，海拔 1 650 米，所以静宁县以西的隧道要在 1 630 米以下逐步下降。

c. 排沙口在不远处的头营镇，距离海子峡水库 30 千米，海拔 1 500 米；排沙隧道直径 2 米；排沙流入宁夏清河，同时为清河输水；排沙量很少，不会影响下游河流。

d. 关闭排沙隧道，让水流从海拔 1 600 米上升，流入海子峡水库，海拔 2 000 米。这是一个巨大的倒虹吸工程，理论上是可行的，实践上要看工程技术水平。现在不行，将来也可能实现。万一不成，对 12 号线影响不大。当然，能实现最好。实现了，能为输水提

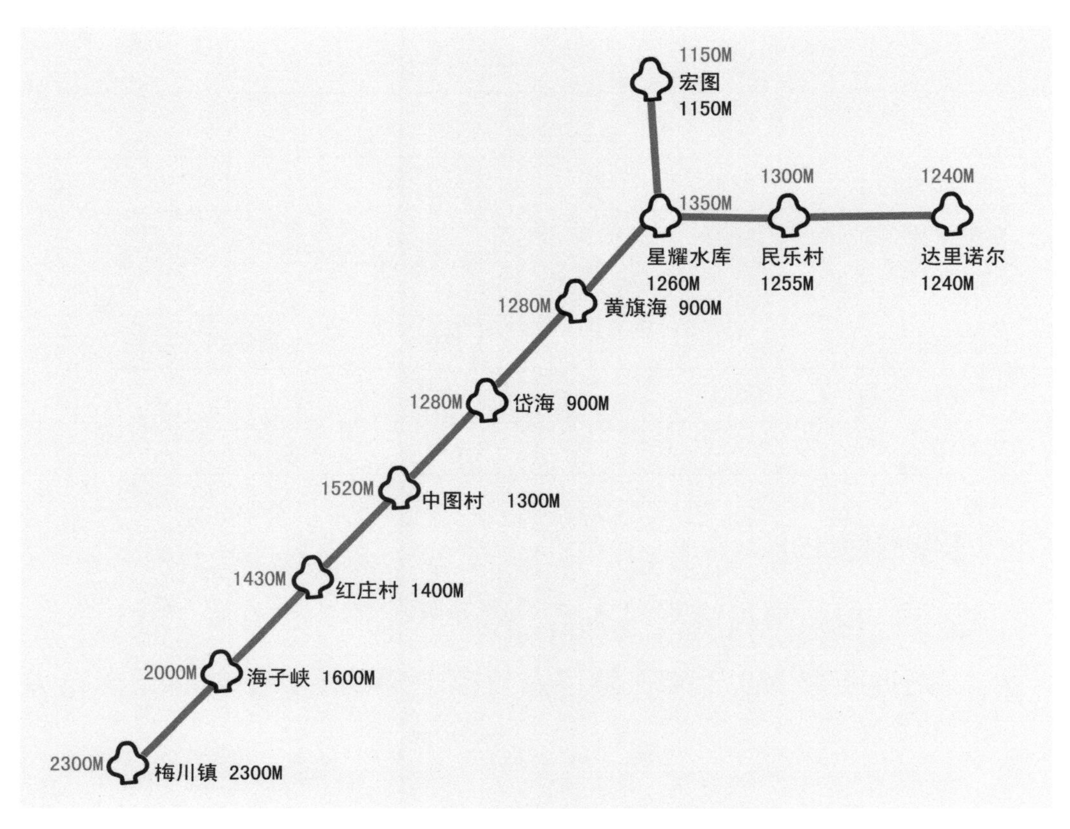

图35　**12号线隧道、地面海拔图**

供适当海拔，节约势能，同时又为调水提供了缓冲时间。

【参阅图36】

2. 第二段，海子峡水库—中图村，倒虹吸工程。

a. 两地距离500千米，隧道海拔落差80米，平均每千米落差0.16米。

b. 两地最低点在定边县，海拔1 350米，所以定边以北的隧道要在1 330米以下逐步下降。

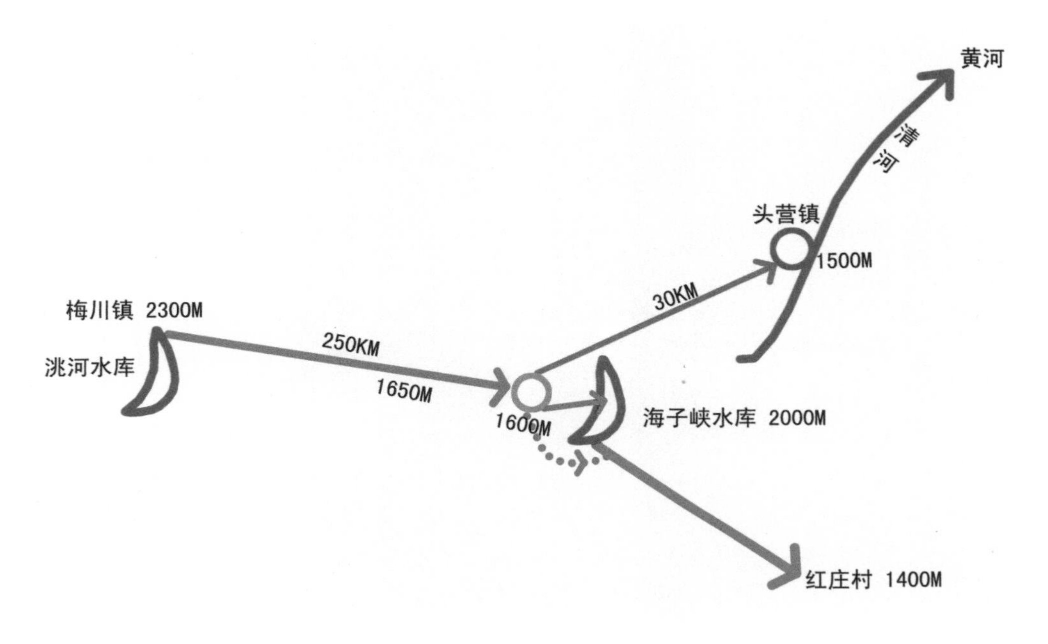

图 36 **海子峡倒虹吸图**

c. 排沙口在库布齐沙漠的中心地带的盐海子，距离中图村 70 千米，海拔1 250 米。排沙隧道直径 5 米；排沙流入库布齐沙漠，同时为库布齐沙漠大量输水，可按需放水。

【参阅图 37】

d. 关闭排沙隧道，让水流从隧道海拔 1 300 米上升，流入中图村的低洼处，海拔1 520 米。这也是一个巨大的倒虹吸工程，理论上是可行的，实践上要看工程技术水平。成功概率较大。

e. 倒虹吸隧道可能成功。倒虹吸隧道梅川镇—海子峡能成功，那么海子峡—中图村也能成功，并将为 12 号线的成功创造前提条件。倒虹吸隧道梅川镇—海子峡即使不成功，海子峡—中图村的隧

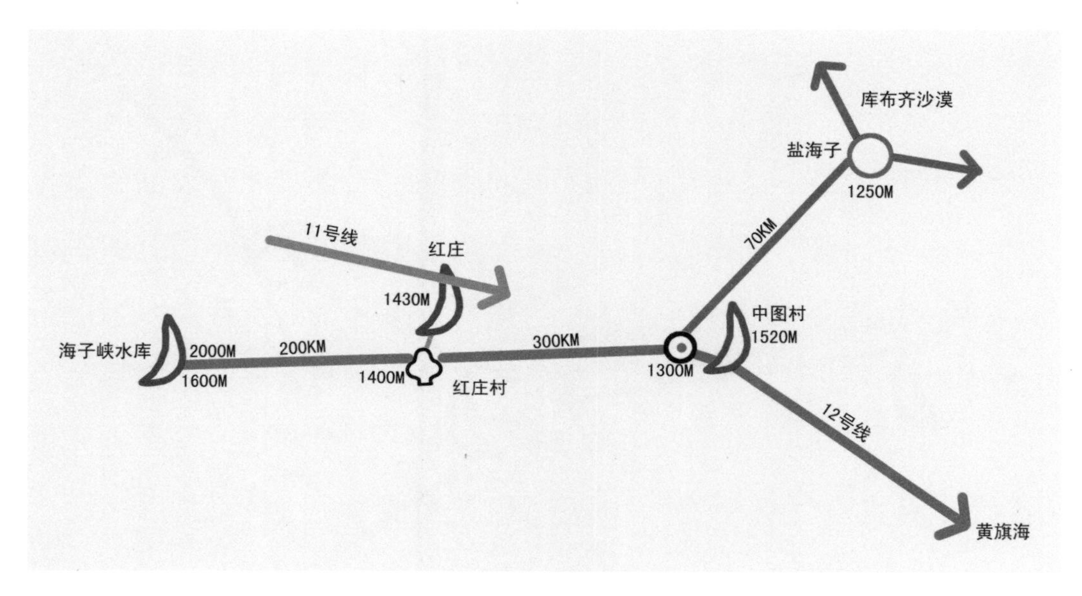

图37 **中图村倒虹吸图**

道也可能成功，这是因为两地距离长，海拔落差小，水流对隧道的压力减轻，不会造成隧道管壁破裂。倒虹吸隧道成功，中图村是这个地区的最高点，可利用这个有利地势，向四面八方输水，实现自动化灌溉。毛乌素沙漠和库布齐沙漠10年后就可能逐渐消亡，变成绿洲。

f. 在12号线所有的倒虹吸隧道中，有一段是一定能成功的，即中图村—岱海段。中图村隧道海拔1 300米，岱海水面海拔1 220米，两地海拔落差80米，距离350千米，隧道平均每千米落差0.22米，水就能平缓地流入岱海。两地距离长，海拔落差不大，隧道管壁压力小，隧道不会破裂。

从岱海抽水，经五号村北侧，海拔1 320米，灌入12号线。从岱海抽水，海拔1 220米，提升至1 320米，有困难，但能成功。河北省多地能从地下1 000米处抽水抗旱，这说明我们有提升水位的能力。大量抽水是否可行，要看经济效益。

从岱海抽水，需要用电，岱海南侧已建成的发电厂，利用晋煤就地发电，可充分发挥效益。

岱海水面海拔1 220米，宏图海拔1 150米，两地海拔落差70米，距离310千米，隧道落差平均每千米下降0.23米，不需岱海抽水，水自流入宏图，流入浑善达克沙漠。水继续东调，可在星耀抽水，但岱海至星耀的隧道海拔要做相应的调整。水自流入宏图，就是流入了浑善达克沙漠的核心地带，再自流向北，直达二连浩特。

从岱海抽水或从星耀抽水，或者岱海抽水和星耀抽水相结合，或者在12号线沿途的黄旗海、察汗淖抽水，都可根据当地的需要决定。

势能转换，就是利用核电夜间的过剩电力，从12号线抽水，流入黄旗海、察汗淖，待需要时从黄旗海、察汗淖放出，发电、灌溉。黄旗海、察汗淖库容量大，两个湖的库容量不少于100亿立方米。如果能充分利用，对这个地区将产生重大影响。

3. 第三段，中图村—黄旗海，倒虹吸工程。

a. 中图村至黄旗海，距离400千米，隧道海拔落差240米，平均每千米下降0.6米。

b. 两地最低点在穿越黄河处，地面海拔1 000米，隧道海拔

950 米，所以穿越黄河后，要在 950 米以下逐步下降，至黄旗海，海拔 900 米。

c. 排沙口在河北省怀安县，离黄旗海 100 千米，海拔 800 米。排沙隧道直径 2 米。排沙流入桑干河，排沙量很小，不会影响河流下游。排沙选择在旱季，边排沙，边为下游输水，是优质水。

【参阅图 38】

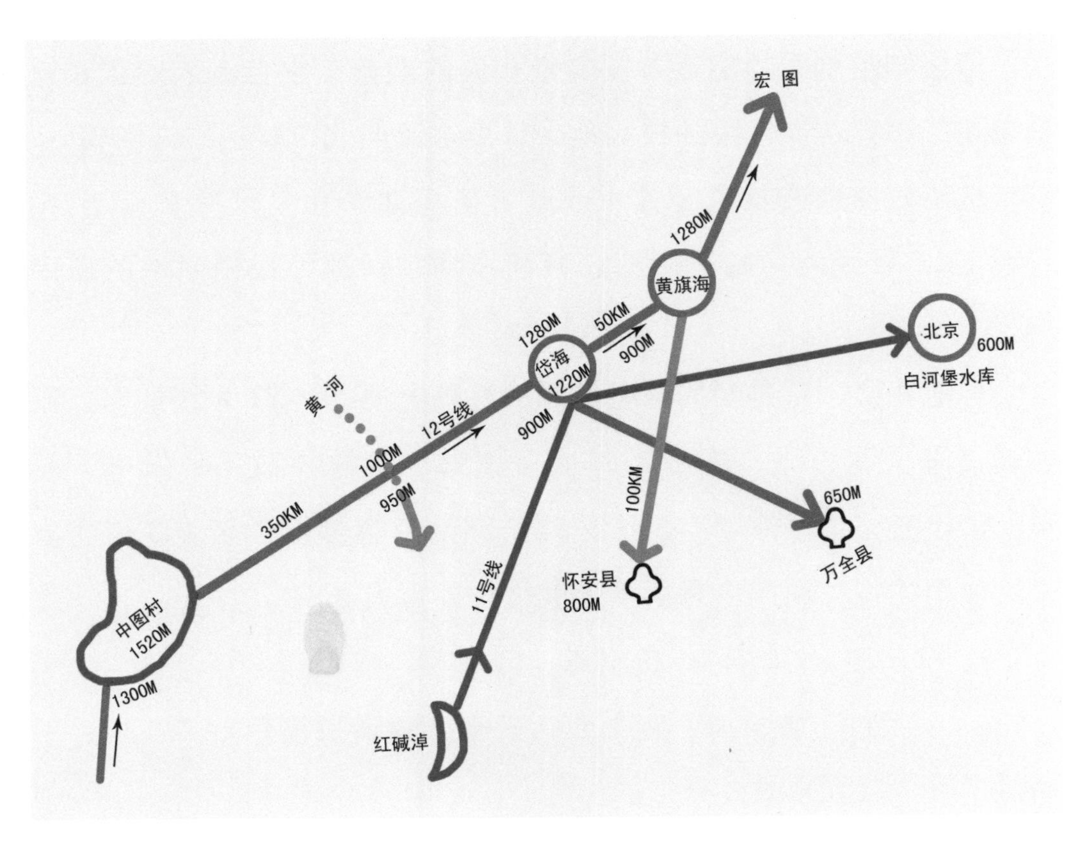

图 38　黄旗海倒虹吸图

d. 关闭排沙隧道，逼迫水流上升，从隧道海拔 900 米升到 1 280 米，流入黄旗海。

e. 万一不成功，也不要灰心，要苦苦追求，努力探索。这个倒虹吸工程太重要了，一定要成功。随着科技的进步，一定能成功。如能成功，浑善达克沙地和科尔沁沙地都就能变成绿洲。

f. 12 号线经过岱海北侧五号村，海拔 1 280 米，以倒虹吸的方式向岱海输水，用以保证 11 号线向北京的调水量，同时改善岱海水质。

4. 第四段，黄旗海—达里诺尔。

【参阅图 39】

a. 黄旗海至达里诺尔，距离 400 千米，隧道海拔落差 40 米，平均每千米下降 0. 1 米；黄旗海至星耀水库，距离 210 千米，隧道海拔落差 20 米，平均每千米下降 0. 1 米，隧道直径 15 米，调水量 50 亿立方米；星耀水库至达里诺尔，距离 190 千米，隧道海拔落差 20 米，平均每千米下降 0. 1 米，隧道直径 10 米，调水量 25 亿立方米；星耀水库至宏图，距离 50 千米，海拔落差 110 米，平均每千米下降 2. 2 米，隧道直径 10 米，调水量 25 亿立方米；星耀水库至宏图的隧道，设置闸门，调控水的流量。

b. 全程海拔落差不够大，可能影响调水量。实际上，黄旗海目前水位是 1 280 米，实施时可以提高，有可能提高到 1 300 米，甚至更高。黄旗海水位提高，察汗淖水位也跟着提高，察汗淖将从闭塞湖变成外流湖，水也变成了一类水质，察汗淖周边的商都县、尚义

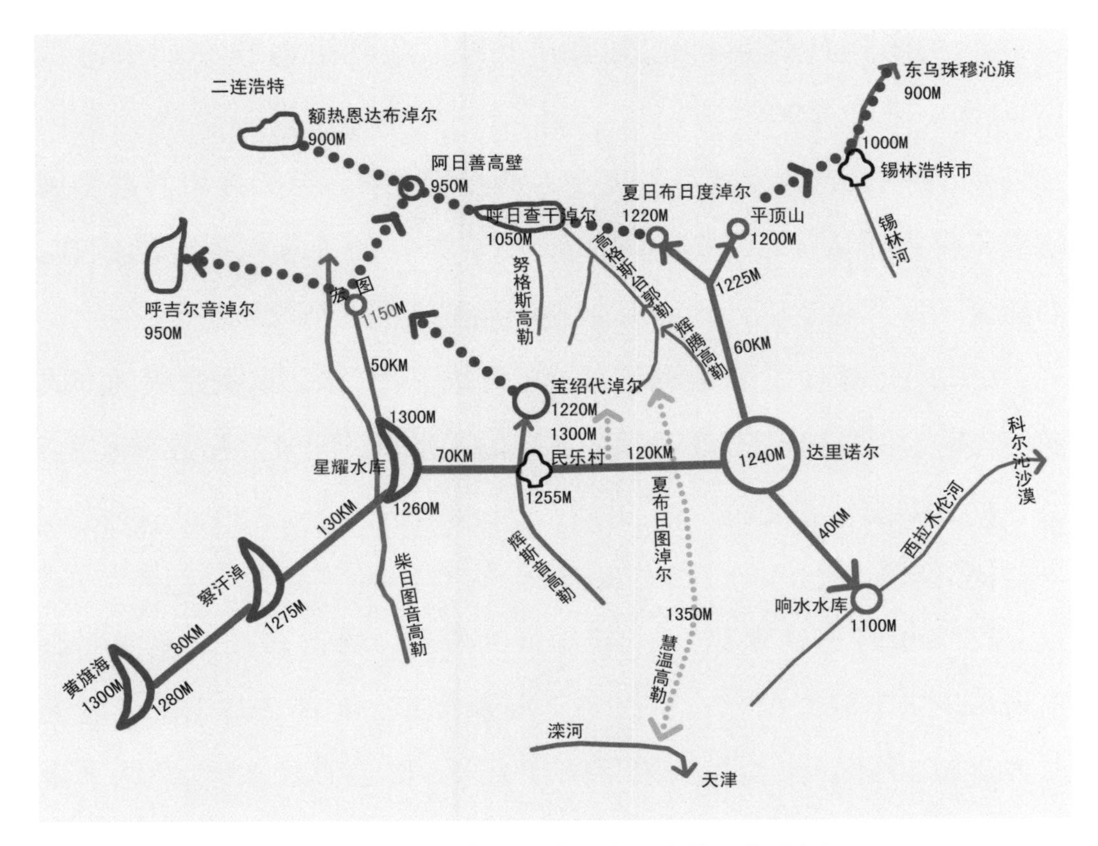

图 39　浑善达克沙地灌溉水网海拔、距离图

县和张北县都可从中得益。

c. 宏图

从宏图放水，顺着地势，向北自流入苏尼特左旗，最后流入二连浩特附近的额热恩达布淖尔，海拔 900 米；从宏图放水，顺着地势，向西自流入苏尼特右旗的呼吉尔音淖，海拔 950 米。

d. 民乐村

挖掘隧道，直径 2 米，并设置闸门，就近向辉斯音高勒

（河）放水，隧道长度不超过 5 千米。从民乐村放水，顺着地势，经宝绍代淖尔、宏图，然后，向西流入呼吉尔音淖尔，向北流向二连浩特。浑善达克沙地南运河形成，路线是：辉斯音高勒河—宝绍代淖尔—宏图—呼吉尔音淖尔。浑善达克沙地南运河全长 250 千米。同时，宏图—阿日善，连通了浑善达克沙地北运河。

e. 达里诺尔

向北顺势挖掘隧道，直径 5 米，长 60 千米，在海拔 1 225 米分岔，向东至平顶山，海拔 1 200 米，向西至夏日布日度淖尔，海拔 1 220 米。从平顶山放水，流入锡林河，经锡林浩特市，流向东乌珠穆沁旗。夏日布日度淖尔放水，流入呼日查干淖尔，海拔 1 050 米，经阿日善高壁，海拔 950 米，到达额热恩达布淖尔，海拔 900 米。浑善达克沙地北运河形成，全长 250 千米。向南顺势挖掘隧道，直径 5 米，长 40 千米，至西拉木伦河的响水水库，海拔 1 100 米。从达里诺尔放水，10 亿立方米，流入西拉木伦河，灌溉科尔沁沙地。达里诺尔的水量分配：首先，12 号线流入达里诺尔多少水，必须及时调出多少，否则达里诺尔水位太高，水就难以流入。夏季，西拉木伦河不接受外来水，以防洪灾。夏季，12 号线流入达里诺尔的水，全部北调。达里诺尔，内流半咸水湖，面积 238 平方千米。12 号线流入的饮用水，再流出，内流湖变成了活水湖，将改善周边老百姓的生存环境。

f. 夏布日图淖尔

12 号线途经夏布日图淖尔，地面海拔 1 350 米，隧道海拔 1 250 米，从隧道内抽水，向北放入高斯台郭勒（河），流入浑善达克北运河，向南放入慧温高勒（河），流入滦河，为天津市供水。为天津市供水，只是在紧急情况下。

g. 从隧道内抽水

耀星水库至达里诺尔任一点，都可以就近从 12 号线抽水，向北放入浑善达克沙地，但是费用较高。

h. 二连湖

12 号线每年向浑善达克沙地输水几十亿立方米，最后流入二连浩特附近的额热恩达布淖尔，海拔 900 米，是浑善达克沙地最低点，形成湖泊，可称之为“二连湖”。库容 100 多亿立方米。

i. 水量分配

黄旗海至星耀水库，调水量大约年 50 亿立方米，浑善达克沙地 40 亿立方米，科尔沁沙地 10 亿立方米。黄旗海至星耀水库，约 210 千米，隧道直径 15 米，完成年 50 亿立方米调水可能有难度，可改为两条隧道，直径各为 10 米，就可以了。

l. 浑善达克沙地灌溉水网

浑善达克沙地，面积 5.2 万平方千米，沙漠内多为固定沙丘，沙丘与沙丘间地势平坦，12 号线的水放入，容易自然形成几百个小湖泊，容易自然形成灌溉水网。浑善达克沙地北运河，路线是：夏日布日度淖尔—呼日查干淖尔—阿日善高壁—额热恩达布淖尔，全长250 千米。

浑善达克沙地南运河，路线是：辉斯音高勒（河）—宝绍代淖尔—宏图—呼吉尔音淖尔，全长 250 千米。柴日图音高勒（河），努格斯高勒（河），高格斯台郭勒（河），加上其他季节性河流，12 号线顺势加大这些河流的水量，容易自然形成灌溉水网。

m. 浑善达克绿洲

浑善达克沙地，每年有 40 亿立方米的水，10 年内沙漠变绿洲；浑善达克沙地，是离北京最近的沙源，距离北京 180 千米；浑善达克变为绿洲，北方的沙尘暴将逐渐减弱，或许消失，有利京津冀生态的改善；浑善达克绿洲，生产出有机食品，就近供应北京，也便于出口蒙古国。

n. 科尔沁沙地灌溉水网

【参阅图 40】

科尔沁沙地，面积 5 万平方千米，等于半个江苏省。

科尔沁沙地，沙尘对京津冀、吉林西部和沈阳地区的环境造成很大破坏。

科尔沁沙地，虽然各方尽力治理，但收效甚微，沙漠化仍然以每年 1.9% 的速度发展，造成科尔沁地区老百姓贫穷。究其原因，就是缺水。

科尔沁沙地，多条河流穿过，西拉木伦河、西辽河、乌尔吉木

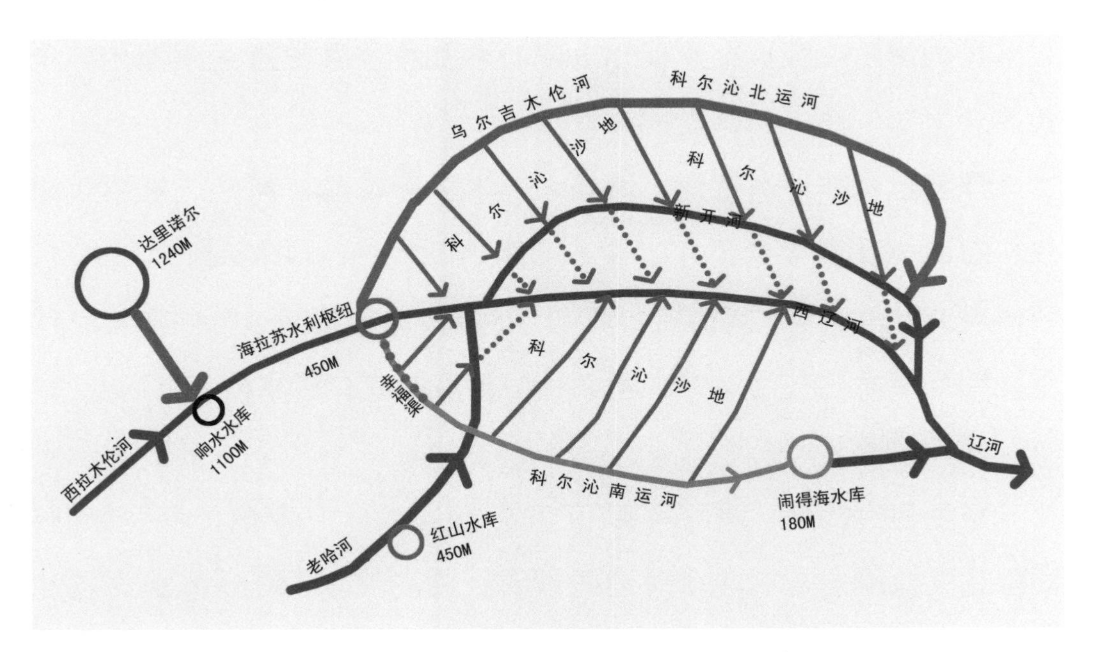

图 40　科尔沁沙地灌溉水网

伦河、老哈河和教来河。

科尔沁沙地，南、北高，中间低，西拉木伦河和西辽河从中间低点自西向东流入辽河。科尔沁沙地的地势有利于科尔沁沙地水网的形成。达里诺尔放水，流经西拉木伦河的响水水库和海拉苏水利枢纽，向北，放入已建成的渠道，自流入乌尔吉木伦河，乌尔吉木伦河是季节性河流，有水自然形成科尔沁北运河；向南放入科尔沁南运河。科尔沁南运河，利用原有幸福渠的渠道，另需挖掘70千米新河道，将水输送到辽宁省的闹得海水库，海拔180米。

请参阅《北水南调》（中西书局、上海文化出版社2015年9月版）一书，内容更加详细。

从科尔沁北运河任一处放水，顺着地势，向南流经科尔沁沙地，流入西拉木伦河、新开河和西辽河；从科尔沁南运河任一处放水，顺着地势，向北流经科尔沁沙地，流入西拉木伦河或西辽河。科尔沁沙地南侧的赤峰市红山水库，海拔 450 米，库容 25.6 亿立方米，是可利用的宝贵资源。正常情况下，红山水库的作用是夏季蓄洪，旱季放水济旱。有了 12 号线的水源，科尔沁南运河代替红山水库放水济旱。红山水库蓄水少时，用于济旱；水多时，则可以得到更合理的调配，更充分的利用。红山水库作用大：库容大，一年四季，无论丰水期、平水期，还是枯水期，都可按需蓄水，只要不造成水灾就行，旱季有科尔沁南运河代为下游放水，水不够才用红山水库的水补充。红山水库的水源是老哈河上游，年供水量大约 10 亿立方米，年年用陈水，可济旱内蒙古赤峰市东北部、内蒙古通辽市中部、吉林省西南部和辽河流域。

科尔沁沙地，有南北两条运河与原有河流连通，形成扇形灌溉水网，科尔沁沙地 10 年内有可能逐步消失，变成绿洲。

（四）鄂尔多斯水网

12 号线第一目标，是编织鄂尔多斯水网，将毛乌素沙漠和库布齐沙漠变为绿洲。

【参阅图 41】

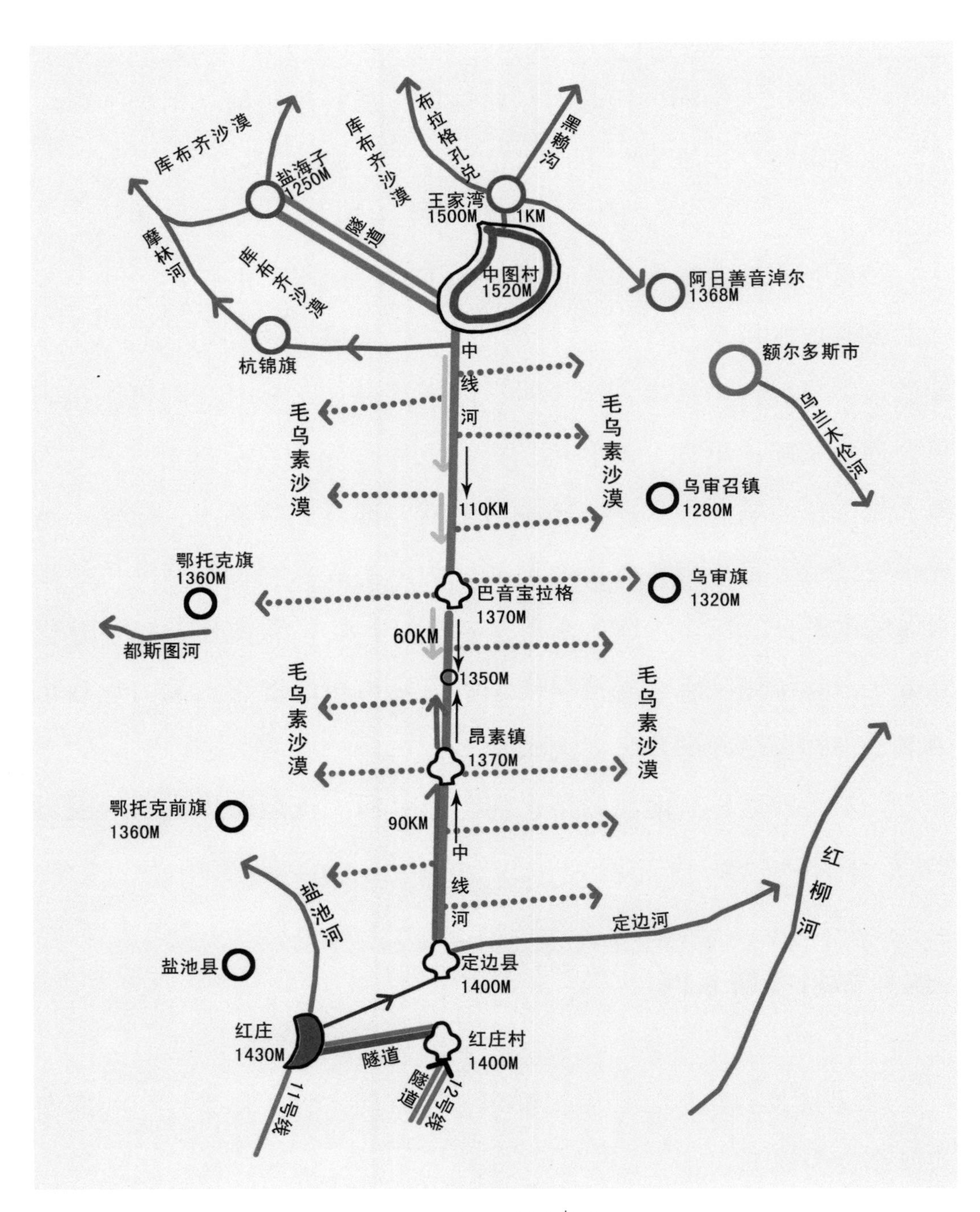
库布齐沙漠
盐海子
1250M
库布齐沙漠
隧道
布拉格孔兑
黑赖沟
王家湾
1500M
1KM
摩林河
库布齐沙漠
中图村
1520M
阿日善音淖尔
1368M
杭锦旗
中
线
河
额尔多斯市
乌兰木伦河
毛乌素沙漠
毛乌素沙漠
110KM
乌审召镇
1280M
鄂托克旗
1360M
巴音宝拉格
1370M
乌审旗
1320M
都斯图河
60KM
1350M
毛乌素沙漠
毛乌素沙漠
昂素镇
1370M
鄂托克前旗
1360M
90KM
中
线
河
红柳河
盐池河
定边河
盐池县
定边县
1400M
红庄
1430M
隧道
红庄村
1400M
隧道
11号线
12号线

图41　鄂尔多斯灌溉图

1. 利用 12 号线自动调水

a. 打开中图村向西隧道闸门，水经盐海子排沙口流出，流入盐海子河和摩林河，进入库布齐沙漠中心地带。

b. 打开中图村向南闸门，水南流转弯向西北，流经库布齐沙漠南缘，进入库布齐沙漠中心地带。

c. 打开中图村向北闸门，水北流经王家湾，流入布拉格孔兑（河）和黑赖沟（河），这两条河是库布齐沙漠的东缘，能防止库布齐沙漠东扩。

中图村是调水枢纽，只有一个水塘，没有蓄水库，凡是不能及时调出的水，全部经王家湾向东，流入阿日善音淖尔。

d. 打开中图村向东南闸门，水流向东南转弯向南，沿着毛乌素沙漠的中线，顺着地势南流，南流需要挖掘中线河。

2. 利用 11 号线自动调水

a. 11 号线已建成盐池河和定边河。

b. 从定边河引水，顺着地势北流，北流需要挖掘中线河。

3. 中线河，全长 260 千米

a. 北中线河，利用 12 号线自动调水，从有利地势挖掘河道，海拔 1 500 米，水从北向南流，流经鄂托克旗的巴音宝拉格，海拔 1 370 米，继续南流，流向海拔 1 350 米，与南中线河会合。至巴音宝拉格 110 千米，加上至会合点的距离，合计全长 140 千米。

b. 南中线河，利用定边河的有利地势，海拔 1 400 米，挖掘河道，顺势北流，流经昂素镇，海拔 1 370 米，继续北流，流向海拔 1 350 米，与北中线河会合。定边河至昂素镇 90 千米，加上至会合点的距离，合计全长 120 千米。

c. 中线河，是毛乌素沙漠东西分水岭，中线河任何一处，都可以向东或向西往对应处放水，顺势自流，最后汇入黄河。

d. 中线河造价

中线河，主要是放水冲沙，形成河道，挖掘是辅助手段。中线河全长 260 千米，估计每千米造价不超过 1 000 万元，包括其他费用，合计造价不超过 26 亿元。

4. 阿日善音淖尔蓄水

中图村是 12 号线的调水枢纽，无处蓄水，水不能及时调出，只能流入阿日善音淖尔。阿日善音淖尔，是鄂尔多斯市东胜区的小湖泊，海拔 1 370 米。当水位上升至 1 380 米，库容 10 亿立方米；当水位上升至 1 390 米，库容 30 亿立方米，但会淹没附近的村镇。将阿日善音淖尔建造成湖泊，蓄水 20 亿立方米。首先，向鄂尔多斯地区居民供应一类饮用水；其次，可以再出发，顺势引湖泊之水灌溉鄂尔多斯东部地区和南部地区。小湖变成大湖，成为鄂尔多斯市的大水库。

5. 毛乌素沙漠变绿洲

毛乌素沙漠是我国四大沙漠之一，面积 4. 22 万平方千米。毛乌素沙漠虽大，但容易改造。专家考证，毛乌素沙漠原本水草丰美，曾经是匈奴人的政治经济中心，也曾经是西夏王国的重要经济区域，只是近代由于气候变化和人为的多种因素，使之从农牧区逐步变成沙地、沙漠。水是沙漠的克星，中线河纵横灌溉毛乌素沙漠，按需供水。专家说，沙漠有水，10 年能生长植物。2016 年 8 月 31 日，新华社讯：《中国科学》杂志发表文章，证明土壤颗粒间存在“万向约束”，找到了沙子向土壤转换的密码。并且，经过四年试验，在乌兰布和沙漠种出优质玉米、小麦和蔬菜。沙漠改造成可耕地，成本每亩约 2 000 元，一次改造，持续使用。使用旋耕机改造，单日单机可改造 30 亩。毛乌素沙漠，一定能变成绿洲。

6. 沙漠种稻

2015 年 10 月，我到吉林考察当年粮仓的水稻种植，得知：盐碱地不长庄稼，但能种水稻，产出的大米，称为弱碱性大米，因为天然口感好，长期食用可调节人体酸碱平衡，有利身体健康。当然价钱也贵，是普通大米的 3 至 4 倍。据说，日本产的弱碱性大米，价格是普通米的 10 倍。

2016 年春节，我回苏北老家走亲访友，趁便察看我儿时记忆中的兔子不拉屎的盐碱地。这里如今都种了稻子，亩产 1 600 斤。我问其就里，得知：县里水利管得好，保证供水，稻田有水，盐碱漏入地底下了，庄稼就能长；稻子收割时，只要稻子，不要稻草，稻草用机器打碎，就地丢入田里，耕地时埋入地下，作为肥料。我和亲友笑着说：怪不得你们个个非常健康，天天快乐。

毛乌素沙漠盐碱地多，有了水，就能模仿我家乡的做法，成功了，不仅能改造自然环境，还能得到很高的回报。

7. 移民毛乌素绿洲

毛乌素地区，除了风沙，气候和欧洲差不多。毛乌素沙漠变成绿洲，也是最适合人类生存的地区。毛乌素变为绿洲后，首先得请受影响的11号线水源地区的老百姓来住，确保11号线的调水水质永久保持一类水标准，确保11号线沿途用水安全。毛乌素变为绿洲后，得请贫困山区老百姓来住。那些居住大山里老百姓，人均土地不到一亩，改变命运不易，移民来绿洲，可能是脱贫的一种好办法。

8. 库布齐沙漠变绿洲

库布齐沙漠，在鄂尔多斯市西北侧，面积1.45万平方千米，是我国七大沙漠之一。库布齐沙漠不大，却给北京地区刮来最多的沙尘。沙漠中61%的面积是移动沙丘，易被大风扬起。库布齐沙漠离北京700千米，5级以上大风，风速每小时50千米，沙尘十多个小时后就落到北京市区。所以，一定要把库布齐沙漠治理好。

库布齐沙漠地势平坦，水流入沙漠后，易于分流，便于灌溉。12号线排沙口直抵沙漠中心地带，然后，向北流入盐海子，汇入黄河，向西流入摩林河，也汇入黄河。12号线从中图村向西放水，水经过库布齐沙漠南缘，流入摩林河。摩林河是季节性河流，有了两股水流入，将永不干涸。库布齐沙漠的东侧，是布拉格孔兑（河）和黑赖沟（河），12号线从中图村放水流入，将阻挡库布齐沙漠东扩。库布齐沙漠位于黄河的几字左湾上，与黄河紧密相连，连接长达350千米，连接地带土地肥沃，是鄂尔多斯的粮仓。这说明库布齐沙漠只要有了水，也可能变成粮仓。库布齐沙漠一定要变成绿洲，也一定能变成绿洲。

（五）12 号线的作用

习近平总书记说：要像保护眼睛一样保护生态环境，要像对待生命一样对待生态环境。

12 号线就是为了保护和改善我们的生态环境。

1. 12 号线可以将沙漠变为绿洲

库布齐沙漠，面积1.45万平方千米；

毛乌素沙漠，面积4.22万平方千米；

浑善达克沙地，面积5.2万平方千米；

科尔沁沙地，面积5万平方千米。

上述沙漠和沙地面积合计15.87万平方千米，沙漠变绿洲，华北地区和东北地区的沙尘暴将逐步消失。按面积的20%计算，也可得到5 000万亩可耕地和牧场。这对于我们是巨大的宝贵财富。

2. 沙漠变绿洲，改善人民的生存环境，有益人民的身体健康。

3. 绿洲生产出有机食品，有利人民生活水平的提高。

4. 可以使1 000万贫困人口脱贫。

（六）12 号线的造价及分阶段实施步骤

1. 隧道造价

a. 干线，梅川镇—星耀水库，隧道直径 15 米，长 1 460 千米，每千米造价 3 亿元，合计造价 4 380 亿元；

b. 东支线，星耀水库—达里诺尔，隧道直径 10 米，长 190 千米，每千米造价 2 亿元，合计 380 亿元；

c. 北支线，星耀水库—宏图，隧道直径 10 米，长 50 千米，每千米造价 2 亿元，合计造价 100 亿元；

d. 其他小支线，直径 2 米，隧道合计长约 300 千米，每千米造价 1 亿元，合计造价 300 亿元；

e. 其他费用 11 亿元。

总共合计费用 4 800 亿元。

2. 地面渠道造价

a. 中线河，长 260 千米，每千米造价 1 000 万元，合计造价 26 亿元；

b. 科尔沁南运河，长 70 千米，每千米造价 3 000 万元，合计造价 21 亿元；

c. 其他渠道费用 3 亿元。

总共合计费用 50 亿元。

3. 总体设计，分阶段实施

12 号线需要花费 4 850 亿元，这么巨大，必须逐步分阶段实施，开发一段，得益后再开发，稳步试行。

【参阅图 42】

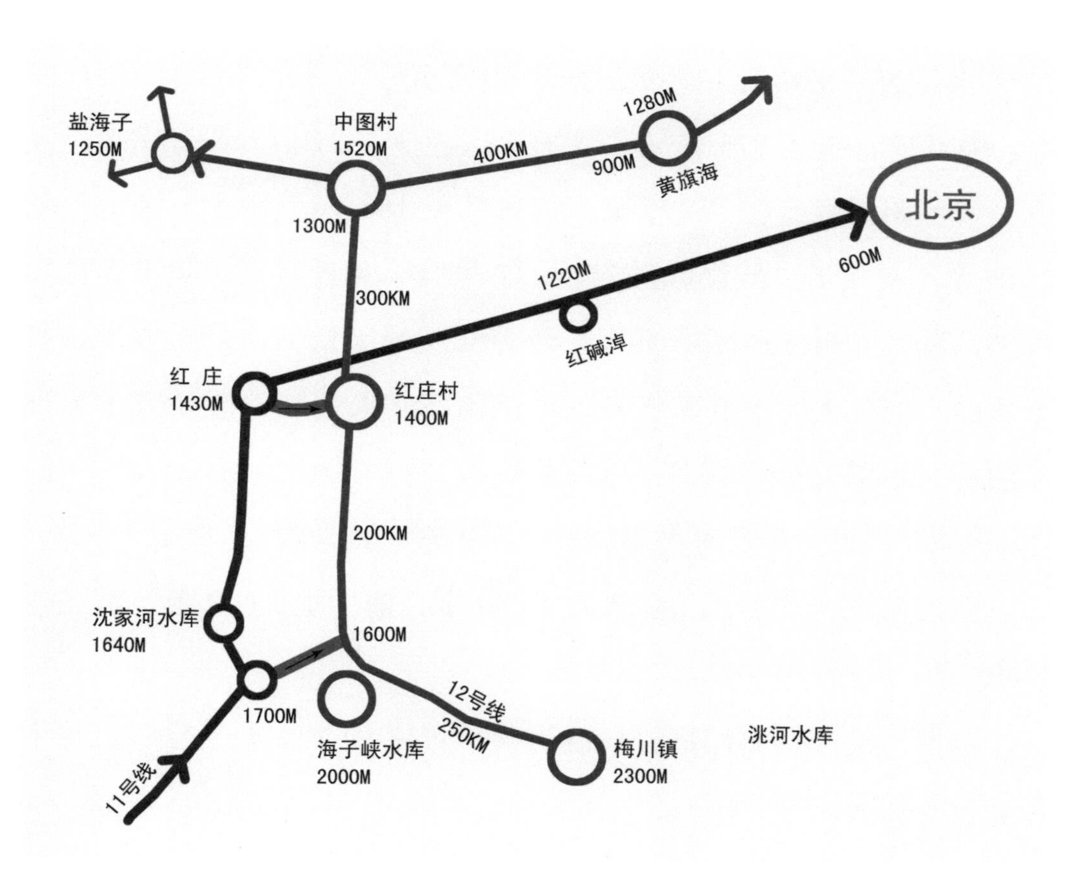

图 42　两条隧道连通海拔、距离图

a. 第一期，红庄—红庄村—中图村—盐海子镇

隧道海拔，红庄 1 430 米，红庄村 1 400 米，中图村 1 300 米，

盐海子镇 1 250 米。

隧道，红庄—红庄村，直径 2 米，长 5 千米，每千米造价 1 亿元，合计 5 亿元。

隧道，红庄村—中图村，直径 15 米，长 300 千米，每千米造价 3 亿元，合计 900 亿元。隧道，中图村—盐海子镇，直径 2 米，长 70 千米，每千米造价 1 亿元，合计 70 亿元。

总共合计造价 975 亿元。

第一期，隧道长 375 千米，海拔落差 180 米，每千米平均下降 0.48 米，水从 11 号线的红庄流入 12 号线，预计年调水量 1.5 亿立方米，流入库布齐沙漠。流入库布齐沙漠的水量 1.5 亿立方米，是不够的，但能大大改变库布齐沙漠的生态，人们从治理沙漠中尝到了甜头，盼望有更多的水，可以开始第二期。

b. 第二期，沈家河水库高程—海子峡—红庄村

隧道海拔，沈家河水库高程 1 700 米，海子峡 1 600 米，红庄村 1 400 米。

隧道，沈家河水库高程—海子峡，直径 10 米，长 5 千米，每千米造价 2 亿元，合计 10 亿元。

隧道，海子峡—红庄村，直径 15 米，长 200 千米，每千米造价 3 亿元，合计 600 亿元。总共合计造价 610 亿元。

第二期，水从 11 号线的沈家河水库高程分流，流入 12 号线。

第二期与第一期主隧道连通，形成了巨大的倒虹吸隧道工程，

沈家河水库高程海拔 1 700 米，途经海拔 1 300 米，至中图村海拔 1 520 米。与此同时，卡断 11 号线和 12 号线红庄至红庄村的连接隧道，12 号线形成倒虹吸隧道，长 505 千米，首尾海拔落差 180 米，平均每千米下降 0. 36 米。12 号线的第一期和第二期完成后，从中图村向四周放水，首先满足库布齐沙漠的需求，余下的才能放入毛乌素沙漠，水不够，可以开始第三期。当然，12 号线的第二期，可以整体借用 11 号线沈家河水库高程至红庄隧道，在红庄隧道全封闭运行，试验成功后，开始挖掘 12 号线第二期，或许更稳妥。

c. 第三期，梅川镇洮河水库—海子峡

隧道海拔，梅川镇洮河水库 2 300 米，海子峡 1 600 米，海子峡水库 2 000 米。

如果能利用倒虹吸隧道把水送入海子峡水库，可调节隧道调水量，提高调水效率，如果可能，梅川镇洮河水库—中图村，形成倒虹吸隧道，长 750 千米，海拔落差 780 米，平均每千米下降 1. 04 米。

隧道，梅川镇洮河水库—海子峡，长 250 千米，直径 15 米，每千米造价 3 亿元，合计 750 亿元。

第一期合计造价 975 亿元，第二期合计 610 亿元，第三期合计 750 元，三期总共合计造价 2 335 亿元。三期完成后，12 号线所调之水全部流入鄂尔多斯地区的库布齐沙漠和毛乌素沙漠，如果需要，11 号线的剩余水量也可补入。有了足够的水，库布齐沙漠和毛乌素沙漠一定能变成绿洲。

d. 第四期，待库布齐沙漠和毛乌素沙漠变成绿洲，可能是10年后，开始12号线的剩余工程，即第四期。到那时，我们会有更好的技术和更多的资金，完成第四期的工程就更顺利。

4. 隧道安全

主隧道采用倒虹吸的方法，隧道直径大，隧道长度长，都是目前世界上所没有的，如果有困难，就将主隧道一条改为两条，隧道直径15米改为10米，就一定能成功。当然，这一改，隧道每千米要多花费1亿元。

5. 隧道调水量

一条隧道调水量不够，就用两条，两条不够就用三条，现在办不了，将来要办，总之要尽量调水，这关系着我们的长远利益。

第一期、第二期和第三期的隧道调水量，每年不少于80亿立方米，灌溉库布齐沙漠和毛乌素沙漠，待两大沙漠变绿洲后，对水量需求逐步减少，12号线的水大部分调入浑善达克沙地和科尔沁沙地，每年应该不少于50亿立方米。

第一期、第二期和第三期的隧道，按年调水量100亿立方米设计，余下的第四期，按年调水量50亿立方米设计。

12号线一定能成功。这条线路全程设计较为复杂，特别是倒虹吸工程。将其简化，就能看明白，就能增强信心，就能确信12号线一定能成功。

12 号线全程隧道关键点海拔是：梅川镇 2 300 米—海子峡 1 600 米—红庄村 1 400 米—中图村 1 300 米—岱海 1 220 米—宏图 1 150 米。简化后，只有中图村至岱海穿越黄河，必须使用倒虹吸工程，况且我们挖掘中线隧道已有穿越黄河的成功经验。简化后，在岱海附近，于 11 号线和 12 号线相邻的最近处，隧道海拔同为 900 米，挖掘隧道，连通两条线，需要时打开，将 12 号线倒虹吸段中图村至岱海的少量泥沙，导流入 11 号线，经万全县流出，流入永定河。简化后，就可清楚看出，12 号线主要隧道全程首尾海拔落差 1 150 米，全长 1 410 千米，平均每千米海拔落差 0. 82 米，就能更加坚定我们的信心：12 号线一定能成功。成功了，12 号线的水，就能直接流入浑善达克沙漠核心地带，直至二连浩特。

五、中线调水

（一）向汉江平原输水

9 号线和九级水库建成后，可调水量 130 亿—260 亿立方米，南水北调中线可向汉江平原按需输水。

1. 自丹江口以下的汉江，可恢复中线调水前的流量，如果不够，还可适当增加，实际上就是一年四季可按需放水；

2. 直接从丹江口水库引水，流入排子河、刁河、瑞河、白河，流经新野县、襄阳市。

3. 中线和瑞河交汇于小王营，放水流入瑞河—白河，流经邓州市、襄阳市。

4. 中线和白河交汇于南阳市孙庄，放水流入白河，流经南阳市—新野县—襄阳市。

从上述任一处放水或引水，最后都流入汉江。汉江平原是我国重要的粮食产区，保证足够的水量，非常重要。

（二）向淮河流域输水

9 号线和九级水库建成后，可调水量 130 亿—260 亿立方米，南水北调的中线可向淮河流域大规模调水。

【参阅图 43】

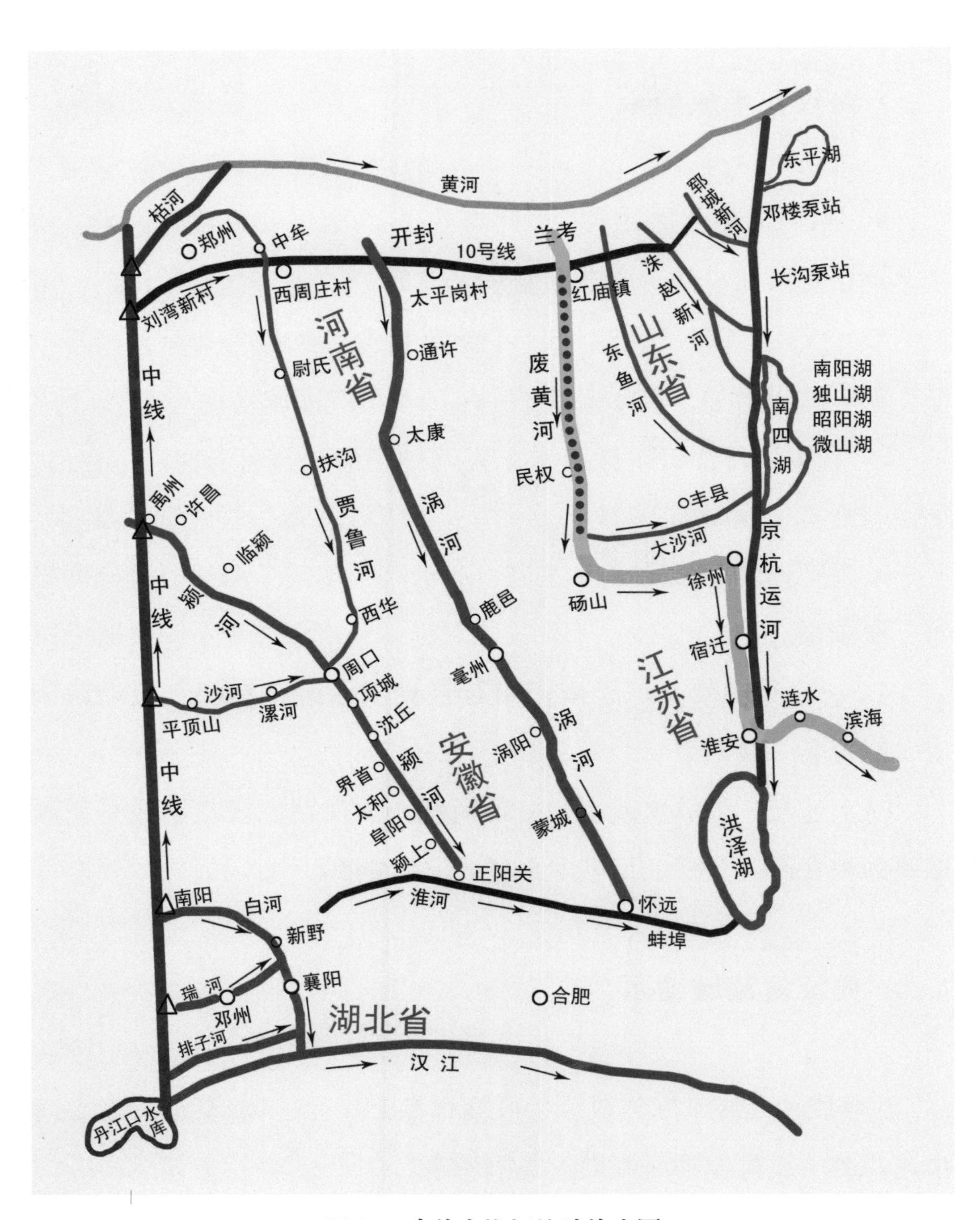

图43　中线向淮河流域输水图

1. 中线和沙河交会于娘娘庙，中线放水，流入沙河，流经平顶山市—漯河市—周口市，于周口市汇入颍河。中线放水口已建成。

2. 中线和北汝河交会于大边庄村，中线放水，流入北汝河，流经襄城县，汇入沙河。中线放水口已建成。

3. 中线和颍河交会于后屯村，中线放水，流入颍河，流经禹州—许昌市—周口市—项城市—沈丘县—界首市—太和县—阜阳市—颍上县—正阳关，汇入淮河。中线放水口已建成。

4. 中线和双洎河交会于王寨，中线放水，流入双洎河，流经新郑市，汇入贾鲁河。中线放水口已建成。

5. 中线和10号线交会于刘庄新村，中线放水，10号线全线畅通，流入贾鲁河，向南，汇入淮河；涡河，南流，汇入淮河；废黄河，南流，汇入淮河；京杭运河，南流，汇入淮河。

6. 蓄长江洪水于洪泽湖。

洪泽湖，是淮河的蓄洪湖，也是淮河平原上的大水库。

洪泽湖，是苏中和苏北地区（差不多半个江苏省）的人民赖以生存和发展的水源，但是枯水期，仍然缺水。将长江洪水和中线调水的剩余水量，调入洪泽湖，供洪泽湖枯水期使用，或许有可能。洪泽湖水位12.5米时，库容31亿立方米；而水位达到13.5米时，库容则有53亿立方米。也就是说，洪泽湖至少有20多亿立方米的库容可以利用。也就是说，洪泽湖剩余库容如得以利用，半个江苏省全年不缺水。

中线调水，流入沙河—颍河—淮河—洪泽湖；

中线调水，流入北汝河—颍河—淮河—洪泽湖；

中线调水，流入颍河—淮河—洪泽湖；

中线调水，流入双洎河—贾鲁河—淮河—洪泽湖；

10 号线调水，流入涡河—淮河—洪泽湖；

10 号线调水，流入废黄河—洪泽湖；

10 号线调水，流入京杭运河—洪泽湖。

利用上述任一条路线的剩余力量，都可以将长江的洪水调入洪泽湖。洪泽湖水量充沛，利于发展灌溉、航运和养殖，利于工农业发展，利于提高人民的生活水平，从此，苏北的经济将有望超过苏南。长江洪水调入洪泽湖，途经的河南、安徽和山东，都可从中得益。

（三）向海河流域输水

9 号线和九级水库建成后，中线可调水量 130 亿—260 亿立方米，可向海河流域按需调水。

【参阅图 44】

1. 中线与卫河交会于焦作市，中线放水，流入卫河，流经河南省焦作市—河南省新乡市—河南省安阳市滑县—河南省鹤壁市浚县—河北省邯郸市馆陶县—山东省聊城市临清市，汇入京杭运河。卫河在临清市汇入京杭运河，流经山东省德州市—河北省沧州市吴

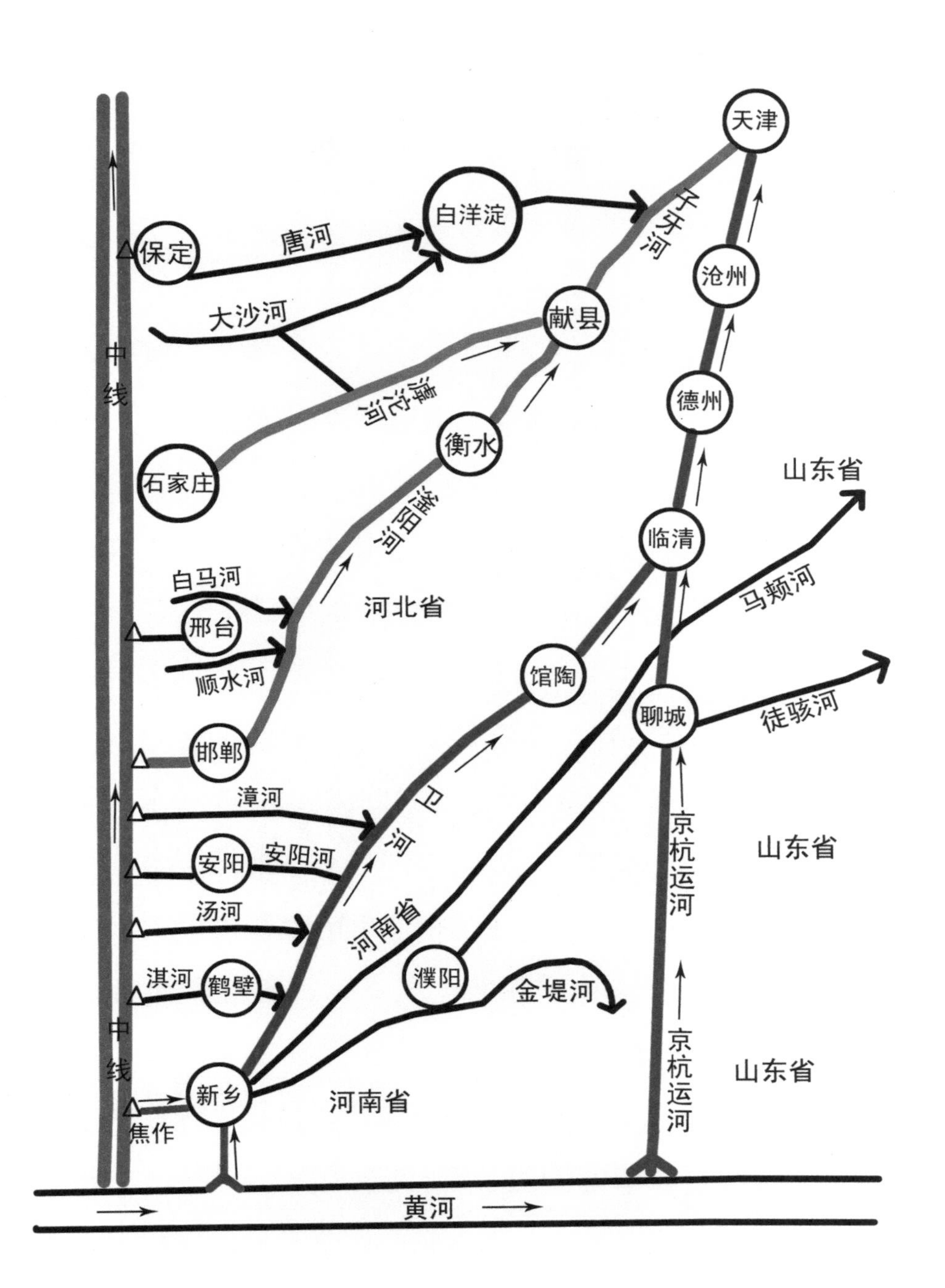

图44　中线向海河流域输水图

桥县—河北省沧州市东光县—河北省沧州市泊头市—河北省沧州市沧县—河北省沧州市青县—天津市。

中线放水，卫河与京杭运河连接，连通了河南省、河北省、山东省和天津市的十多个县市。中线放水口已建成。

2. 中线与淇河交会于河南省鹤壁市淇县，中线放水，流入淇河，流经鹤壁市—淇县，汇入卫河。中线放水口已建成。

3. 中线与汤河交会于河南省汤阴县，中线放水，流入汤河，流经汤阴县，汇入卫河。中线放水口已建成。

4. 中线与安阳河交会于河南省安阳市史车村，中线放水，流入安阳河，流经安阳市，汇入卫河。中线放水口已建成。

5. 中线与漳河交会于河南省安阳市北丰村，中线放水，流入漳河，汇入卫河。中线放水口已建成。

6. 中线与滏阳河交会于河北省磁县西侧，中线放水，流入滏阳河，流经河北省邯郸市磁县—邯郸市邯郸县—邯郸市永年县—邯郸市曲周县—衡水市—衡水市武强县—沧州市献县，汇入子牙河。滏阳河在献县汇入子牙河，子牙河流入海河，流经天津市，注入渤海。中线放水口已建成。

7. 中线与不知名小河交会于磁县东贺兰村，中线放水，流入不知名小河，汇入滏阳河。中线放水口已建成。

8. 中线与不知名小河交会于邯郸市西侧的户村，中线放水，流经邯郸市，汇入滏阳河。中线放水口已建成。

9. 中线与顺水河交会于邢台市西南侧，中线放水，流入顺水河，流经邢台市，汇入滏阳河。中线放水口已建成。

10. 中线与白马河交会于邢台市西北侧，中线放水，流入白马河，汇入滏阳河。中线放水口已建成。

11. 中线经过邢台市内丘县西南侧，中线放水，流入内丘县，为其供水。中线放水口已建成。

12. 中线经过邢台市内丘县西北侧，中线放水，流入内丘县，为其供水。中线放水口已建成。

13. 中线经过邢台市临城县境内，中线放水，流进附近村镇，为其供水。中线放水口已建成。

14. 中线经过邢台市临城县路家韩村，中线放水，流进附近村镇，为其供水。中线放水口已建成。

15. 中线经过石家庄市元氏县境内，中线放水，流进附近村镇，为其供水。中线放水口已建成。

16. 中线经过石家庄市西龙贵，中线放水，为石家庄市供水。中线放水口已建成。

17. 中线与滹沱河交会于石家庄市市内，中线放水，流入滹沱河，流经石家庄市—石家庄市深泽县—衡水市安平县—衡水市饶阳县—沧州市献县，汇入子牙河，流经天津市，注入渤海。中线放水口已建成。

18. 中线经过石家庄市正定县，中线放水，为正定县供水。中线放水口已建成。

19. 中线与大沙河交会于石家庄市新乐县北侧，中线放水，流入大沙河，汇入滹沱河。中线放水口已建成。

20. 中线与唐河交会于保定市唐河县同东旺村东北侧，中线放水，流入唐河，流入白洋淀地区。中线放水口已建成。

21. 中线经过顺平县北侧，中线放水，为附近的村镇供水。中线放水口已建成。

22. 中线与北易水河交会于保定市易县西侧，中线放水，流入北易水河，汇入拒马河，进入北京供水系统。中线放水口已建成。

中线穿越黄河，建造了22个放水口，河南省、山东省、河北省、天津市和北京市都可从中得到充足的水源。

（四）为淮河流域泄洪

淮河流域，大雨大灾，小雨小灾，年年夏季如此，为什么？

淮河是长江的较大支流。淮河发源于桐柏山、大别山、伏牛山、嵩山、泰山，纵横流经湖北省、河南省、安徽省、山东省、江苏省，流域面积27万多平方千米，末端经扬州市汇入长江下游。淮河右岸的淠河、史灌河、白露河、潢河、寨河、浉河，发源于大别山，从南侧向东北流入淮河干流。淮河干流发源于桐柏山。淮河左岸的沙河、汝河、颍河，发源于伏牛山，从伏牛山西侧向东南流入淮河干流。贾鲁河、涡河发源于黄河南岸，向南流入淮河干流。淮河流域的京杭运河发源于泰山，向南流入淮河干流。

仔细观察可以发现，淮河流域实际也是“淮河盆地”。淮河发源地的桐柏山、大别山、伏牛山、嵩山、黄河下游南岸、泰山是盆地的盆沿，淮河主河道城东湖至洪泽湖是盆地的盆底，盆底海拔20—13米，盆沿海拔100—1 500米，盆沿离盆底平均大约300千米，海拔落差平均大约每千米2米，一旦全流域发生大雨，盆沿、盆壁的雨水一起涌入淮河盆底，盆底当日就会暴涨，容易引发洪灾。洪泽湖是地面上的悬湖，是淮河的泄洪湖。洪泽湖的东岸，平均高出地面4米，一旦泛滥就是大灾大难。

特别应该注意的是，伏牛山地区是中原雨极，有过日降雨1 000毫米的纪录。淮河流域面积广大，气候变化无常，雨量变化不定，每年夏季，大雨大灾，小雨小灾，几乎年年水灾。以伏牛山为例，伏牛山海拔1 000米，距离淮河洪灾易发地阜阳300千米，阜阳海拔30米，两地海拔落差970米，平均每千米海拔落差3米多，洪水的流速每小时30千米以上，伏牛山及其延绵小山的雨水，居高俯冲而下，不是洪水，也成洪水，如果是洪水，几个小时就抵达阜阳市区，容易形成山洪，引发大的水灾。

将淮河流域看作“淮河盆地”，就能领会毛主席强调的“一定要把淮河治理好”的伟大意义，就能明白淮河流域年年水灾的原因。

治理淮流域河水灾的主要办法就是疏导，就是引“淮河盆地”的盆沿上的洪水，流入中线、10号线，经黄河下游流入渤海，经南黄河流入黄海。下述的四条泄洪路线，就是从高处疏导，可收到事半功倍的效果。

1. 将发源于伏牛山及其延绵小山的洪水，引入中线，经郭庙渠流入黄河下游。

2. 10号线横穿淮河的两大支流——贾鲁河、涡河，每年夏季淮河大水时，10号线可截留贾鲁河、涡河的洪水，经废黄河、京杭运河分流，流入骆马湖；骆马湖再分流，经新沂河、六塘河、淮泗河、淮沭河，最后汇入黄海，不再经过淮河流入长江下游。这样，不仅能减轻淮河中下游洪水的威胁，而且能减轻长江下游的度汛压力。

3. 10号线引中线洪水，包括长江的洪水，流入废黄河，经京杭运河东流，流入黄海。

4. 中线引淮河流域的洪水，经郭庙渠分流，向右流入黄河下游，向左衔接人民胜利渠，流入金堤河。金堤河从黄河下游的北岸，流回黄河下游，沿途分流，分流流入徒骇河、马颊河、京杭运河。这三条路线，增加了分洪的途径，提高了分洪的能力，减少了洪水的威胁，并可化害为利。

那么，如何引盆沿的洪水（伏牛山及其延绵小山的山洪）流入中线？

伏牛山及其延绵小山的东侧，不少于20条大小河流与中线交会，在中线这些大小河流上建造导洪水库。导洪水库小小的，能分流山洪即可。导洪水库设两个出水口，一个仍旧按照原有的流向，导流洪水中的沙石，建在水库的底部，直径较小；另一个导流洪水，建在导洪水库的上部，口子尽量大，将山洪引入导洪渠，流入中线。导洪渠长度大约 1 千米，宽度、深度要尽可能大些，顺着地势建造。

引淮河流域的洪水流入黄河下游的意义重大，不仅能冲刷黄河下游淤积的泥沙，降低黄河下游河床，而且能减轻淮河中下游洪水的威胁，也能减轻长江下游的度汛压力。

如何引淮河流域的洪水流入黄河、黄海？

建造中线复线丹江口至郑州段，洪水到来之前，关闭中线复线的西线，西线空载无水，不准丹江口水库的水流入，静待伏牛山及其延绵小山的洪水流入。与此同时，开启中线复线的东线，让丹江口水库的洪水流入，为长江泄洪。或者中线复线的两条线同时为伏牛山及其延绵小山泄洪，或者同时为长江泄洪，这要看当时的实际情况，一般情况下，只能一条为伏牛山及其延绵小山泄洪，另一条为长江泄洪。

11、12 号线建成后，中线夏季不需从长江调水，中线可全线空载，淮河流域中线复线泄洪能力倍增。从此以后，淮河流域永无洪灾。

【参阅图 43】

（五）为海河流域泄洪

2016 年 7 月上旬，河南省新乡市成了泽国，引起全国人民的关切。

新乡市位于海河流域海拔较高处，为何最先遭受洪灾？海河流域的水灾，洪水发源于太行山，是山洪。太行山海拔 1 000 米，新乡市海拔 120 米，两地距离 100 千米，海拔落差每千米 4 米以上。太行山上的山洪居高俯冲而下，流速每小时 50 千米，几个小时后，山洪经卫河到达新乡市，卫河水满，新乡市市区在同一时间也遭受暴雨袭击，市区内的大水无法正常通过卫河及时排出，就造成了卫河水倒灌，市内看海。我曾听到一位朋友叙述的真实故事，他们一行十多人去新乡市旅游，导游收到一个信息后突然跪地大呼，请求所有游客不得回房间取行李，必须立刻向山上跑。他们听从导游的指令，在山上熬了几天，才捡回性命，之后游兴全无，悻悻而返。这个真实的故事说明：新乡市的洪灾是山洪，源于太行山；太行山山脚下的城市容易遭受山洪袭击。

2016 年 7 月中旬，安阳市、邢台市、邯郸市、石家庄市、保定市，都遭受了洪灾，这些城市都位于太行山山脚下。

太行山南北长 400 千米，中线在太行山东侧通过，引太行山的山洪流入中线，然后北流，流入永定河，可减轻海河流域的洪灾。沿线的安阳市、邢台市、邯郸市、石家庄市、保定市，包括新乡市，凡是与中线交会的山洪，都可以流入中线，然后北流，沿途向可以泄洪的其他交汇河流泄洪。永定河泄洪能力较大，而且永定河上的相连水库库容较大，能有效防止洪灾。

可惜的是：中线调水只有调水功能，没有泄洪功能，只能沿途向淮河流域、海河流域放水，不能将伏牛山及其延绵小山的山洪北调，也不能将太行山的山洪北调。中线如果有泄洪功能，新乡市不可能成为泽国。

中线调水河道，全线封闭，为的是不让外水流入，保证不被外水污染，能自始至终保证调水质量。这种设计的初衷是完全正确的。

11 号线完成后，能够保证京津地区的用水安全，中线调水的目的就自然发生了变化，改为主要为淮河流域、海河流域输水，并能在夏季为淮河流域、海河流域泄洪。

黄河以北的中线，夏季不需为海河流域供水，正常情况下全部空载，等待洪水流入，然后北流泄洪。

黄河以北的中线全部空载，中线本身就是一个巨大的泄洪槽，可防止山洪突然袭击。

黄河以北的中线泄洪，可选择中线沿途任一条河流，沿途无法泄掉的洪水，最后流入永定河，永定河泄洪能力比海河任一条支流都大。

那么，如何将太行山的山洪引入中线？

太行山东侧，不少于 20 条大小河流与中线交会，在中线西侧的这些大小河流上建造导洪水库。导洪水库可大可小，能分流山洪即可。

导洪水库有两个出水口，一个仍旧按照原有的流向，导流洪水中的沙石，建在导洪水库的底部，直径较小；另一个导流洪水，建在导洪水库的上部，口子尽量大，将山洪引入导洪渠，流入中线。

导洪渠长度大约1千米，宽度、深度要尽可能大些，顺着地势建造。

导流入中线的山洪，源自山间，污染度轻，能够保持二类水质。为了保证中线的调水水质，导洪渠在正常情况下不需开启，即使是夏季，只要不发生洪水，导洪渠仍旧处于关闭状态。

中线沿途泄洪，应该整体看待：淮河流域总是先于海河流域，也可能淮河流域发生洪水而海河流域正闹旱灾，这样，正好把淮河流域的洪水北调，济旱海河流域。

不用过分担心中线的河道被泥沙淤积堵塞，中线水多，泥沙就会伴水从中线流出。

【参阅图44】

（六）建造太行山泄洪道

利用中线为海河流域泄洪，只能解决小的洪灾，洪灾要永久解决，必须建造太行山泄洪道，才能挡住太行山的山洪。

太行山泄洪道，就是将海河流域的洪水（包括永定河的洪水）引入黄河下游。

1. 沿着黄河以北的中线西侧，顺着地势，从永定河海拔300米至黄河岸边海拔100米，建造太行山泄洪道。两地距离800千米，海拔落差200米，平均每千米海拔落差0.25米。

2. 太行山泄洪道与中线配合，泄洪能力倍增，海河流域将永无洪灾。

3. 永定河向太行山泄洪道泄洪，北京、天津将永无洪灾。

4. 11、12 号线借用永定河、太行山泄洪道，每年旱季向海河流域输送优质饮用水 10 亿立方米，置换出中线调水用于灌溉。

5. 建造太行山泄洪道的费用大约 500 亿元，建成后使用的时候少，空置的时候多，但是作用大。建造太行山泄洪道，就如组建一支攻无不克、战无不胜的后备部队，将对海河流域产生深刻久远的影响。

需要说明的是：太行山泄洪道，大半在山坡上，即使不在山坡，也在崎岖不平的山脚下，无法利用北斗测定海拔，只能通过具体的勘探或其他方法，探明准确的海拔数据，由此才能确定太行山泄洪道具体路线。但是可以肯定地说：困难再大，太行山泄洪道也一定要建造，现在不建，20 年后一定也要建。

（七）中线的调水量

9 号线和九级水库建成后，中线年调水量 130 亿—260 亿立方米有了保障。中线调水原设计方案年调水量 130 亿立方米，推测是已经考虑到枯水期的因素。而 9 号线和九级水库建成后，即使是枯水期，中线也有足够水量可调，这样，中线年调水量可能达到或超过 200 亿立方米。

可按三个方案调水：

1. 中线年调水量按150亿立方米计划。

汉江平原，主要有通过汉江下游调水、通过南阳市调水的两条线，调水量甚少，调水量可忽略不计；淮河平原，80亿立方米，包括山东省调往沿海的用水量30亿立方米；海河平原，70亿立方米，包括黄河以北的河南省和山东省的调水量。如果多于或少于150亿立方米，则按比例相应增减。

2. 中线年调水量仍按150亿立方米计划执行，另作分配方案：汉江平原，调水量忽略不计；淮河平原，100亿立方米，包括山东省调往沿海的用水量30亿立方米，还包括蓄洪于洪泽湖的20亿立方米；海河平原，50亿立方米，包括黄河以北的河南省和山东省用水量，但不包括北京市和天津市的用水量；北京市和天津市的用水由11号线供给。

【参阅图45】

3. 建造中线复线。

沿着中线东侧，丹江口水库—郑州市，建造中线复线，长450千米，每千米造价5 000万元，合计225亿元，加上其他费用25亿元，总共造价250亿元。中线原来年调水量130亿立方米，利用原调水渠道全部调往黄河北岸，余下的调入黄河下游。中线复线，丹江口—郑州市，年调水量130亿立方米，除去留给淮河平原，包括山东省的30亿立方米，余下的调入黄河，冲水排沙，黄河下游两岸

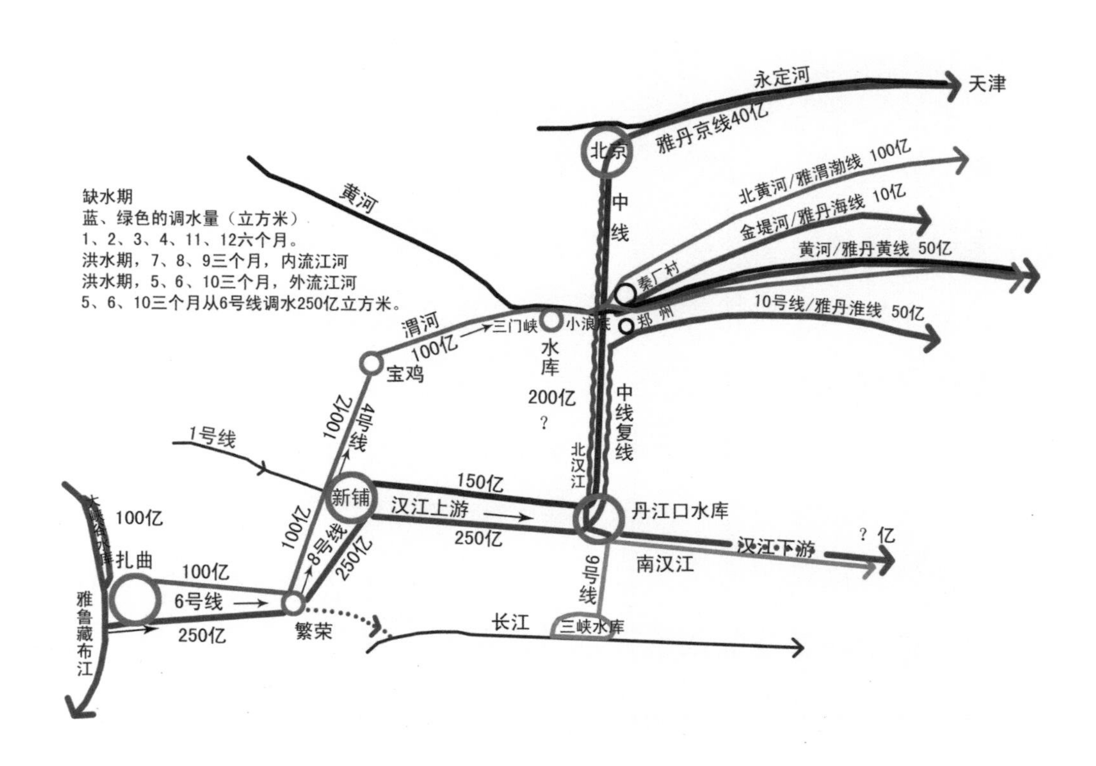

图 45　**南水北调半年缺水期调水量图**

得益。黄河下游水量丰沛，黄河上游、中游的水可自行充分支配。

第三个方案，花了 250 亿元，每年多得 130 亿立方米的水，应该优先考虑。

（八）旱改水

淮河流域面积 27 万多平方千米，海河流域面积 12 万多平方千米，两流域面积合计大约 40 万平方千米，因为缺水，估计有 1 亿亩土地不能种植水稻。和一些农民朋友交流，他们说：土地每年一麦一稻，最好。就是说，每年小麦收割后种稻子，最划算。如果缺水，小麦收割后只能种玉米。玉米产量低，平均亩产800斤，售价每斤低于1元。稻子产量高，平均亩产1 100斤，售价每斤高于1.3元。种稻子比种玉米产量高，收入也高，平均每亩多收入630元。当然增产和增收，不同地区是有差异的。

如果淮河流域和海河流域有足够的水，原来种玉米的土地改种水稻，农民朋友称之为“旱改水”，那么农民朋友能增加多少收入呢？据说每亩每年的水费是12元，如果减少一半收费可以吗？种田收水费，这是因为东线调水要经过扬水站，要支付电力费，现在改由中线供水，不必支付扬水站的电力费。旱改水，淮河流域和海河流域的土地增收，预计每年不少于200亿元。不少于200亿元是这样推算出来的：水稻每亩需水400立方米，中线向淮河流域和淮河流域每年输水130亿立方米，可种植水稻3 250万亩，水稻比玉米平均亩产增产粮食300斤，增收630元，合计可增产粮食97.5亿斤，增收204.75亿元。中线向淮河流域和海河流域输水，就是给农民增加收入。

六、黄 河 水 网

（一）黄河分段治理

黄河水少沙多，沙多，淤积于下游，一旦夏季水多，中游和下游海拔落差大，容易造成下游水灾。利用黄河上游的有利地势，对黄河分段治理，黄河流域将永无水灾，永无旱灾。

【参阅图46】

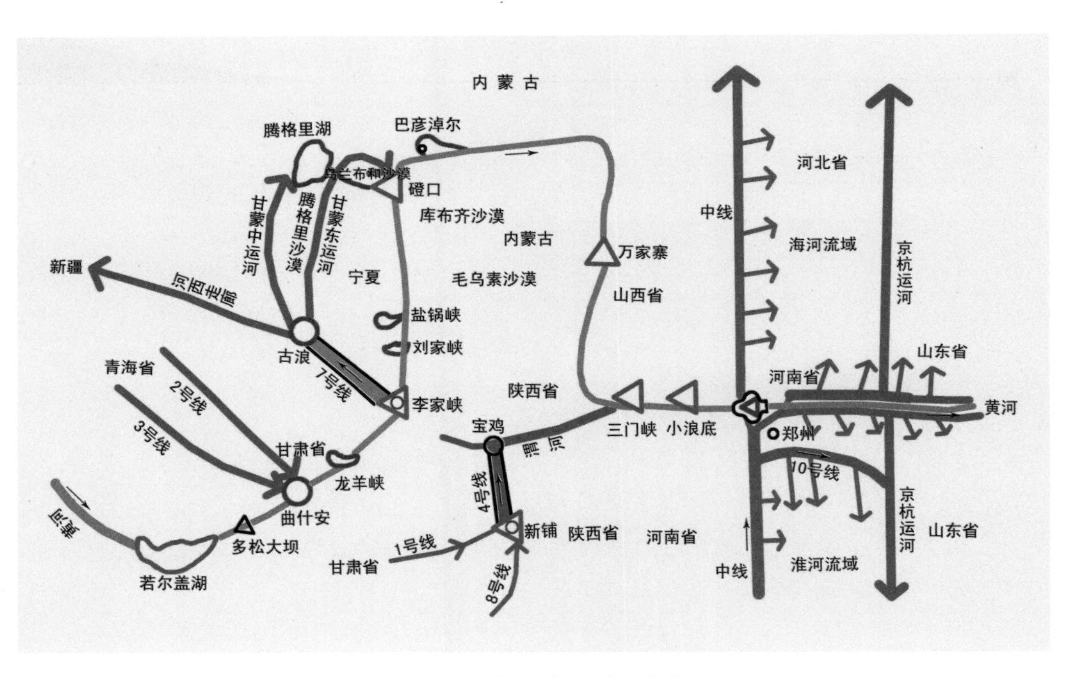

图 46　**黄河分段治理图**

第一段，李家峡水库以上的黄河上游。

a. 建造多松大坝，拦住多松大坝以上黄河上游的水，蓄于若尔盖湖。若尔盖湖的水最优，专门留给 11 号线和 12 号线，是为京津冀一体化国家战略服务的。同时，11 号线和 12 号线沿途的城镇居民也能得到一类饮用水，受益地区包括半个宁夏、半个陕西、半个内蒙古、半个河北和半个山西。

b. 建造 7 号线，李家峡水库—古浪，黄河水多，放入腾格里沙漠和乌兰布和沙漠。腾格里沙漠，面积 3. 67 万平方千米，沙漠内分布上百个小湖泊。乌兰布和沙漠，面积 1 万多平方千米，沙漠地带地势平缓。7 号线向甘蒙东运河放水，顺势自流，流经腾格里沙漠东部，继续北流，流至海拔 1 100 米，人工导流，推土机在沙漠中推出沙沟，引水冲刷成河，水顺势流入乌兰布和沙漠高地，海拔 1 055 米。从乌兰布和沙漠向右导流，流经磴口，海拔 1 050 米，最后流入黄河。从乌兰布和沙漠向左导流，流入腾格里湖，海拔 1 020 米。从乌兰布和沙漠向东北导流，流入巴彦淖尔地区，海拔 1 040 米。从流经乌兰布和沙漠的甘蒙东运河任一处导流，都能纵横成渠，灌溉乌兰布和沙漠，使沙漠变成绿洲。乌兰布和沙漠，是盆地沙漠，黄河从这里流过，带走大量泥沙。乌兰布和沙漠是黄河的第一沙源。乌兰布和沙漠有水灌溉，沙漠变成绿洲，不仅能卡断第一沙源，还能阻挡腾格里沙漠和巴丹吉林沙漠的沙尘东进。

7 号线向甘蒙中运河放水，顺势自流，最后流入腾格里沙漠和乌兰布和沙漠交汇处的最低点，海拔 1 020 米，形成腾格里湖，与黄河相连。

7号线放水，流入腾格里沙漠和乌兰布和沙漠，按照面积的20%推算，10年后，将得到1 200万亩可耕地和牧场。

7号线放水，流经宁夏自治区西部，宁夏自治区四面环水，GDP将逐年大增。

7号线放水，向西流入河西走廊和新疆，将加快西部开发。

7号线是水龙头，能控制黄河上游的下段和黄河的中游，使其永无旱灾，永无水灾。

c. 龙羊峡水库，库容140亿立方米，李家峡水库，库容16亿立方米。两个库容合计156亿立方米，为黄河上游的水量调节预备了有利条件。

d. 建造2号线和3号线，从金沙江、澜沧江和怒江年调水450亿立方米，经曲什安流入黄河上游。

第一段，是巨大的海绵，水能大量流入也能大量流出，流入和流出，都能有效调控。

第二段，李家峡—万家寨，黄河上游的下段。

黄河上游的下段，缺少水源，只要控制住上游的水源，按需向其平缓输水，将永无旱灾，永无水灾。刘家峡水库库容26亿立方米，盐锅峡水库库容10亿立方米，两个库容合计36亿立方米，为黄河上游下段的水量调控准备了有利条件。水多，灌溉黄河两岸，同时能有效阻止西部沙漠的沙尘东进。

第三段，黄河中游山西段。

待黄河上游的下段水静沙沉之后，清水流入黄河中游山西段，加上黄河中游的其他河流，山西省西部可从黄河抽水，能保证有足够水量。

11 号线于红庄向定边河输水，流经红柳河、无定河，汇入黄河中游山西段。

11 号线于红碱淖向红碱淖输水，流经秃尾河，汇入黄河中游山西段。

中线河于任一处向东侧放水，水顺着地势，流入黄河中游山西段。11 号线和 12 号线一旦成功，挖掘汾河隧道，每年从岱海调水 15 亿立方米，纵贯山西全省，到那时，山西省无需从黄河抽水。黄河抽水，水质差，费用高。

【参阅图 47】

黄河上游的下段和黄河中游，是中国生态环境之肾，要特别加以呵护。中国生态环境之肾，就是黄河几字湾，水不能太多，又不能太少，太多或太少，都会造成灾难性后果，所以要时时加以呵护。

第四段，小浪底水库以上的黄河中游。

小浪底水库，库容 126.5 亿立方米，三门峡水库，库容多于 100 亿立方米，两个库容合计 200 多亿立方米。黄河流入两个水库的水，80% 以上在下半年，从总量推算，关闭两个水库放水闸门，上半年流入的水不会溢出水库。

a. 前期，三门峡水库和小浪底水库，上半年不放水，下半年间

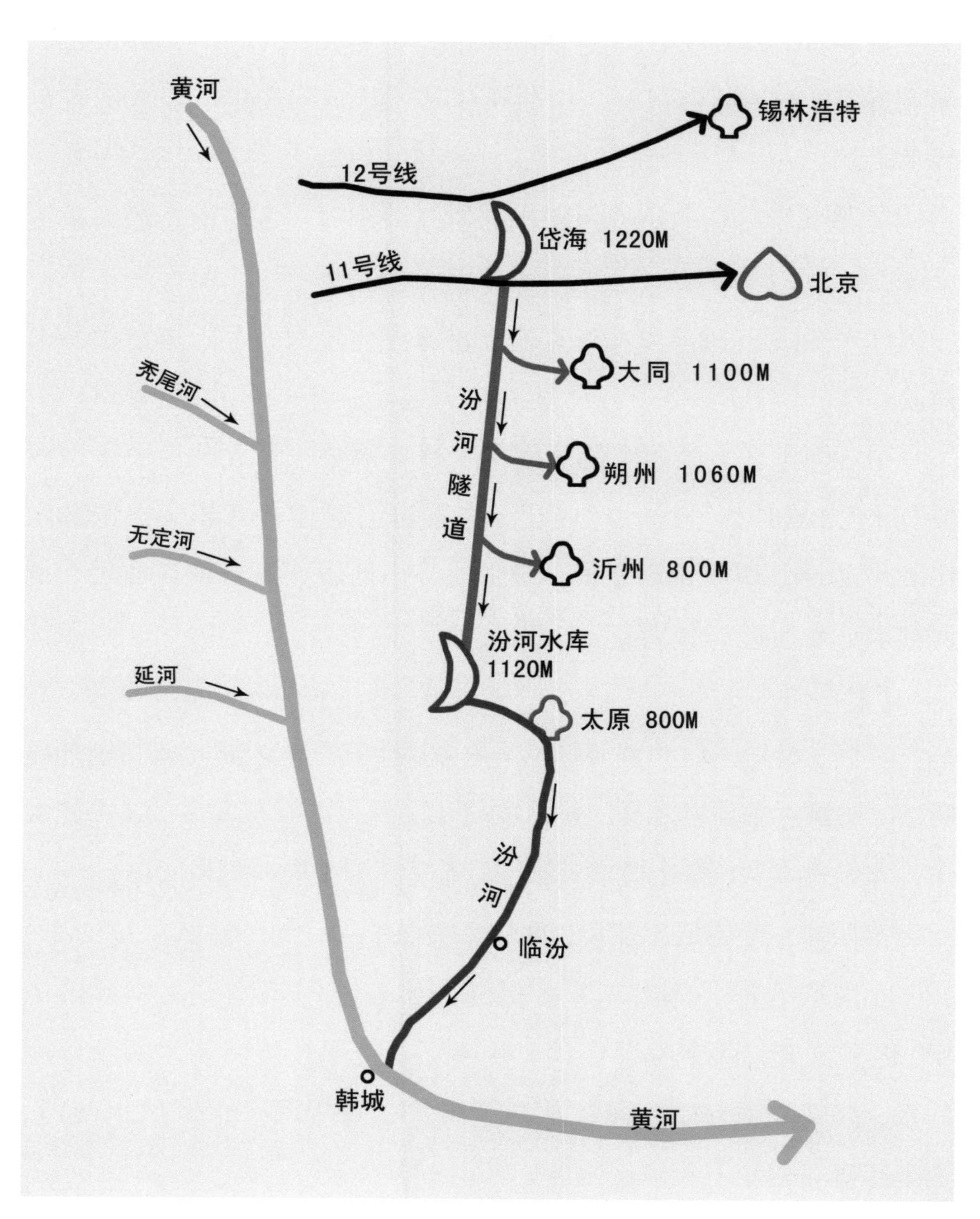

图 47　**汾河隧道输水海拔图**

歇性向下游放水。例如，下半年两个月一次开闸放水，全部放完，直到放不出为止，然后关闭闸门。待黄河下游干涸，中线开始向下游放水，这时水质好，下游引黄灌溉渠全部打开，按需从黄河引水。待三门峡水库和小浪底水库半满时，再次打开闸门，同时关闭中线向黄河下游放水口，还要关闭所有下游引黄灌溉渠，让黄河劣质水流出，冲刷黄河下游泥沙。这样不断打开、关闭，循环往复。好处是：黄河劣质水冲刷黄河下游泥沙，中线优质水借道黄河下游分别流入淮河流域和海河流域；三门峡水库和小浪底水库改为间歇性放水对水电站的效益影响不大。三门峡水库和小浪底水库蓄水有限，不再上泛泥沙淹没渭河两岸的良田。

b. 后期，待 6 号线和 8 号线开通，引雅鲁藏布江和岷江之水，经 4 号线流入渭河、黄河中游、黄河下游。到那时，水多，水质好，不需间歇性放水，黄河各段合理调控，按需放水，黄河变清，三门峡水库和小浪底水库不需蓄满，发电量增加。

c. 1 号线先期已开通，如果需要，随时调入 4 号线流入渭河、黄河下游，但对 11 号线和 12 号线的调水量有些影响，不过，影响不大。

第五段，黄河下游郑州段。

a. 上半年，利用三门峡水库和小浪底不向下游放水的时期，中线向下游放水，确保黄河下游两岸用上优质饮用水，确保黄河下游两岸春播和夏种用上无污染的好水。

b. 下半年，利用三门峡水库和小浪底水库不向下游放水的间歇，中线向下游放水，确保黄河下游两岸夏季农作物的用水，尤其要优先保证水稻生长期和灌浆期的用水。

c. 利用黄河下游段调水的同时，也必须利用中线和10号线的有效配合，向淮河流域和海河流域调水，确保黄河下游的用水安全。

第六段，建造“北黄河”。

将黄河下游改道，北流，流经共产主义渠、卫河和漳卫新河，汇入渤海，称之为“北黄河”。

【参阅图48】

a. 在武陟县秦厂村，打开黄河大堤，挖掘河道，深3米，长5千米，连接黄河与共产主义渠，黄河北流。黄河河道海拔94米，连接渠渠道海拔93米，共产主义渠渠首海拔90米，人民胜利渠渠首海拔90米，黄河平缓转弯，闸门分流，向左流入共产主义渠，向右流入人民胜利渠。

b.“北黄河”流经路线。

共产主义渠自武陟县秦厂村，流经获嘉县、新乡县、郊区、北站区、汲县、淇县、浚县，至汤阴县老观嘴，汇入卫河，流经内黄县、清丰县、大名县、馆陶县、冠县、临清县，至武城县四女寺闸口，闸门调控东流，流入漳卫新河，流经陵县、吴桥、东光、宁

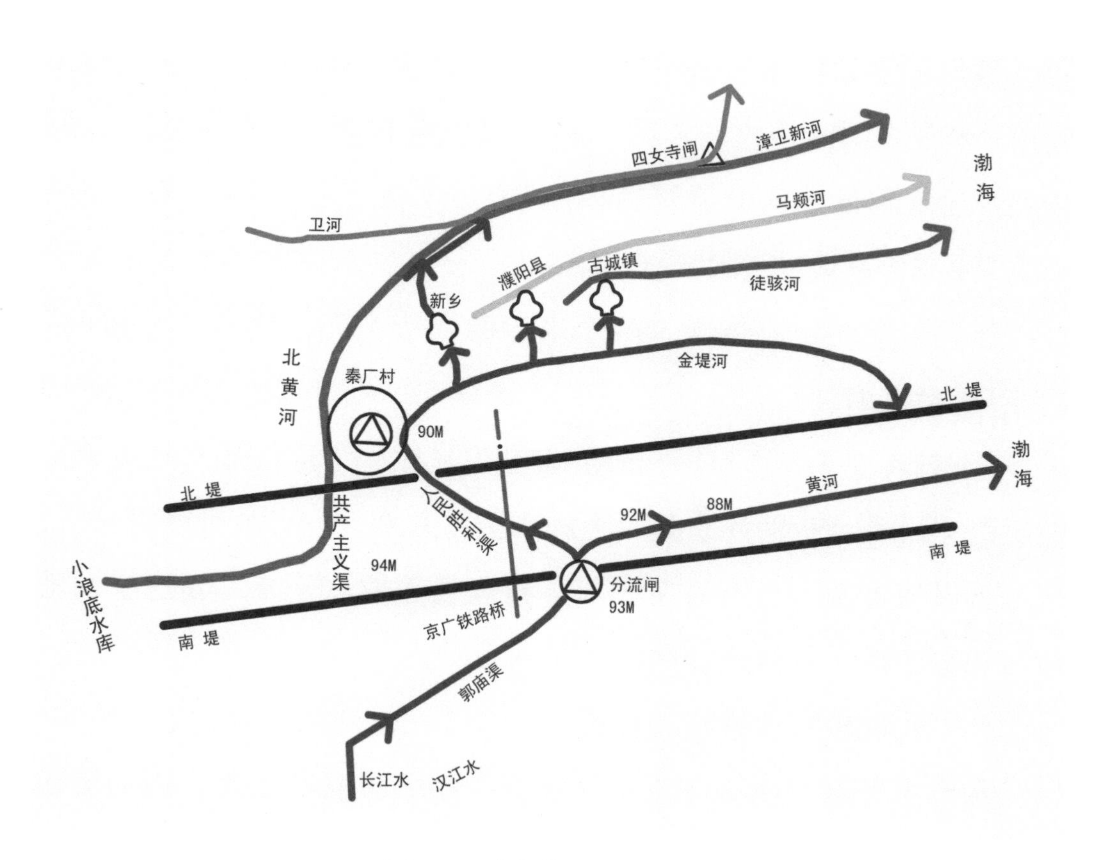

图 48　“北黄河”海拔图

津、南皮、乐陵、盐山、庆云、海兴、无棣，汇入渤海。“北黄河”长约 750 千米，贯穿河南、河北和山东三省，流经 26 个县区。

c.“北黄河”流量的控制。

黄河上游下段的流量由李家峡水库和 7 号线调控，按需向黄河内蒙古段供水，黄河内蒙古段变成了沉沙池，沉清后流入中游和下游，实际上下游已不需要上游的黄河水，黄河上游的水尽可能自用，用不完的经过 7 号线西调，流入腾格里湖和河西走廊。

黄河下游的水量，主要来自渭河、延河和汾河，合计总流量不超过200亿立方米。“北黄河”的设计流量大于200亿立方米，其中共产主义渠设计防洪流量每秒1 500立方米，漳卫新河设计防洪流量每秒3 500立方米。最重要的是，三门峡水库和小浪底水库合计库容超过200亿立方米，两个水库的两个闸门，控制“北黄河”的流量，“北黄河”将永无水灾，永无旱灾。

“北黄河”在秦厂村分流闸分流，流入人民胜利渠，分流量不能超过下游可承载的受水量，大约2亿立方米。人民胜利渠再分流，流入金堤河上游，金堤河在濮阳县和范县古城镇分流，分别流入马颊河和徒骇河。分流流经的沿途将永无旱灾。

d.“北黄河”改善生态环境。

共产主义渠，1958年建造，原为大型引黄灌溉工程，因为黄河缺水，现如今为半废弃状态。

漳卫新河，主要用于泄洪，地处河流下游，水少无洪可泄，污染特别严重。

“北黄河”流经共产主义渠、漳卫新河，将改善沿途的生态环境，包括卫河段。

卫河、金堤河、徒骇河和马颊河，都是古黄河的漫流河道。水多，加上河道沿途治理，污染将逐步降低；淤积于河道的泥沙将被冲入大海，河床降低，河道畅通，有利于减少水患；同时，畅通的河道，千吨级的船舶可以航行。古黄河漫流河道的生态环境将可能得以部分恢复。

e.“北黄河”有利于灌溉、航行和养殖。

“北黄河”长750千米，贯穿三省，流经26个县区，沿途灌溉，盐碱地旱改水，提高粮食产量；晋煤外运，多了一条便捷通道。

金堤河，长159千米，流经河南省的新乡县、延津、汲县、浚县、滑县、濮阳县、范县、台前，山东省的莘县、阳谷，贯穿两省12个县。

徒骇河，长436千米，流经河南省的清丰、南乐，山东省的莘县、阳谷、东昌府区、茌平、高唐、禹城、齐河、临邑、济阳、商河、惠民、滨城、沾化、无棣，贯穿河南、山东两省16个县区，还包括河北省大名县的4平方千米。

马颊河，长425千米，流经河南省的濮阳县、濮阳市华龙区、清丰县、南乐县，河北省的大名县，山东省的莘县、冠县、聊城市区、茌平、临清、高唐、夏津、平原、陵县、临邑、庆云、无棣，贯穿河南、河北和山东三省18个县区。

金堤河、徒骇河和马颊河水多，河流两岸得以灌溉，旱改水，粮食产量得以提高，养殖得以发展。

f.“北黄河”造价。

连接渠，深3米，长5千米，加上秦厂村分流闸，造价不超过2亿元。其余的都是利用原有设施。

g.“北黄河”的最大作用。

第一，腾出黄河下游河道，于夏季让长江洪水通过中线，流入黄河下游，冲刷河道，降低河床，挤狭河道，腾出河滩，变成良田；第二，黄河下游河道，每年下降 1 米，10 年后水深 10 米，可航行万吨轮，黄河下游的郑州、开封、济南等大中城市有了出海口，黄河三角洲得以发展，有可能像长三角和珠三角一样繁荣；第三，10 年后，黄河下游将永不泛滥；第四，于夏季之后，中断长江洪水流入，改为汉江优质水通过中线，流入黄河下游，沿途两岸可按需取用。优质水东流，可流入山东沿海；北流，经京杭运河，流入天津；也可南流，最好待几年，在黄河变清后。优质水，将提高山东、河南、河北和天津的饮用水质量，有益老百姓的健康。第五，8 号线建成后，通过 4 号线为渭河供水，水量充足，流入“北黄河”，“北黄河”稍加改造，可通行万吨轮。另外，11 号线的剩余水量，在七步掌向泾河放水，流入渭河，为“北黄河”增加水量。第六，不必担心“北黄河”泥沙淤塞河道，“北黄河”除了渭河有充足的水量冲刷河道，还有长江的水经过郭庙渠和人民胜利渠，穿越黄河，在新乡市北侧汇入“北黄河”，冲刷“北黄河”的河道。

“北黄河”实际上是黄河下游改道，但是，一旦需要，也可以分流，既可以北流，也可以稍加改造，流入原有黄河下游。

长江洪水能够流入“北黄河”、“南黄河”、黄河下游，标志黄河水网建成。

h. 冲沙工程。

“北黄河”建成两年后，河道内将有少量沉沙，可调长江之水将其冲入渤海。

在秦厂村东侧，人民胜利渠渠首，挖掘渠道，延伸人民胜利渠至黄河南岸的郭庙渠末端，长10千米，深3—4米。郭庙渠末端海拔93米，黄河河道海拔94米，人民胜利渠渠首90米，人民胜利渠延伸后，长江之水便横渡黄河下游，流入黄河以北。人民胜利渠直达新乡市，北流，汇入“北黄河”的卫河段；人民胜利渠分流，流入金堤河，金堤河再分流，在濮阳县流入马颊河，在古城镇流入徒骇河，最后在黄河北岸流入黄河下游。长江水流入黄河以北，郭庙渠分流闸按需放水，调控流量，沿途冲沙、饮用、灌溉、养殖、航运，河南、山东、河北和天津都将得益。

分几步走：

首先，长江水必须保证黄河下游有足够水量，才能建造“北黄河”。

其次，“北黄河”正常运行两年后，京广线铁路桥下的黄河自然形成拦河大坝，海拔94米，宽5千米以上，截断黄河，黄河上游和中游的水不再流入下游。

第三，京广线铁路桥黄河大坝稳定后，挖掘人民胜利渠延伸段，深度保证，宽度小一点也可以，郭庙渠分流闸加大水量，可将其冲宽。

第四，关闭“北黄河”秦厂村分流闸，不再流入人民胜利渠，让长江水畅流通过。

第五，20年后，黄河中游水或许变清，在共产主义渠与黄河河中心交汇处，挖掘黄河河心渠道，长20千米，深6米，安置调控闸门，让黄河中游的清水流入黄河下游。

（二）黄河下游排沙

黄河下游，就是郑州以下的黄河，河床逐年增高，平均高出地面超过4米。郑州大桥在建造时，离黄河水面14米，50年后的今天，只剩下4米，平均每年黄河河床升高0.2米。站在开封黄河大堤上，开封市尽在眼底，黄河大堤比开封市区高出5层楼的高度。

黄河下游河床不断增高，长此下去，会带来灾难性后果。根据历史文献记载，黄河有17次决堤，每次都造成大灾大难。

近50年间，黄河上游和中游，建造了20多个水库，要不是这些水库，黄河下游不知要决堤多少次。但是，三门峡水库和小浪底水库迟早会被黄河泥沙淹没，黄河下游将失去最关键的保护屏障。

黄河决堤的主要原因是：黄河中游与下游海拔落差400米，坡降度大；山西省太行山以西和吕梁山东西两侧，差不多半个山西省的雨水都流入黄河中游，加上陕西省秦岭以北和黄土高原半个省的雨水，还有甘肃的平凉、庆阳、定西三个地区的雨水，都通过黄河中游，再流入黄河下游。如果上述这些地区连降大雨，三门峡水库和小浪底水库抵挡不住暴涨的河水，就容易引起黄河下游决堤。

黄河下游排沙，必须从现在做起，以防不测。即使从现在做起，也要经过许多年努力，才可能有效果，才可能防止黄河下游决堤。

黄河下游排沙，通常办法是加大黄河下游流量，将泥沙连同河水一起冲入大海。可是，黄河缺水，甚至连年干涸，1975—1990 年的 15 年间，黄河下游 19 次断流。即使水多，这样做也会对水资源造成巨大浪费。因此，不妨用其他方法试一试。

1. 黄河体外排沙

仔细观察就会发现，黄河下游数不清的引黄灌溉渠，都是从黄河岸边引水，引出的是浮水，含沙量低，随水流出的是比重较轻的细沙，而粗砂比重大，容易滞留河道中心。

可以试一试引黄灌溉渠从黄河河道中心引水。

选择黄河水位最低的冬季，在黄河中心埋置排沙管。排沙管就是城市中通常使用的大口径自来水管，直径 0.5 米。排沙管的进水口，呈喇叭锯齿状，便于泥沙伴水流进入。进水口要紧贴河道中心的最低点，根据需要，每年逐步降低。排沙管的出水口，伸出黄河大堤外，引水排沙流入原引黄灌溉渠内。排沙管先用一根，可行的话，再加一根或两根。排沙管试用时，可能会引起引黄灌溉渠的泥沙淤塞，这时可打开原来引黄出水口，加大水量冲刷。此法只宜在黄河北岸试验，引黄河水和泥沙流入渤海。此法黄河南岸不宜，因为大量含沙的黄河水，流经太长的转弯河道，比起黄河北岸 ，更容易淤塞沿途河道。

2. 建造黄河钢铁副堤

许多年以来，为了最大限度抵御黄河洪灾，总是不断加高河堤，而河床内的泥沙越积越多，抵御洪灾的能力却越来越差。黄河下游漫流，最宽处20 千米，一眼望去，全是废弃的荒滩。种庄稼怕洪水来淹，不种又可惜。

建造黄河副堤，就是在黄河大堤内建造河堤，能抵御10 年一遇的洪水即可。建造黄河副堤，是利用自然的力量建造。建造黄河副堤，半个口字状，缺口朝向黄河大堤。建造黄河副堤，用铁板建造。铁板为正方形，边长 4 米，厚 2 厘米。

【参阅图 49】

黄河副堤，东西横向，埋在洪水线中间。铁板埋深 1 米，露出高度 3 米，固牢沙中，防止被洪水冲跑。可先进行试验，用 1 250 块这样的铁板连成 5 000 米长的铁墙，铁墙的两端，用同样的铁板连接，南北纵向，西端埋深 3 米，露出高度 1 米，东端埋深 2 米，露出高度 2 米。铁板墙的横向和纵向，构成半个口字状，这就是黄河钢铁副堤。

黄河副堤与外侧成 45 度角，形成防波堤的架势。当洪水到来时，洪水带着泥沙从铁板墙两端流入黄河副堤外侧，或者直接越过铁板墙进入黄河副堤外侧，当洪水退去时，黄河副堤外侧的洪水慢

黄色，黄河水进入副堤内，流速变缓，部分粗砂沉底。

蓝色，洪水低于2M时，副堤内水倒流，流速缓慢，大部分粗沙沉底。待洪水低于1M时，副堤内水不流动，沙子沉底。待洪水退去时，副堤内的水通过地下，慢慢流入黄河主河道，沙子留在副堤内。

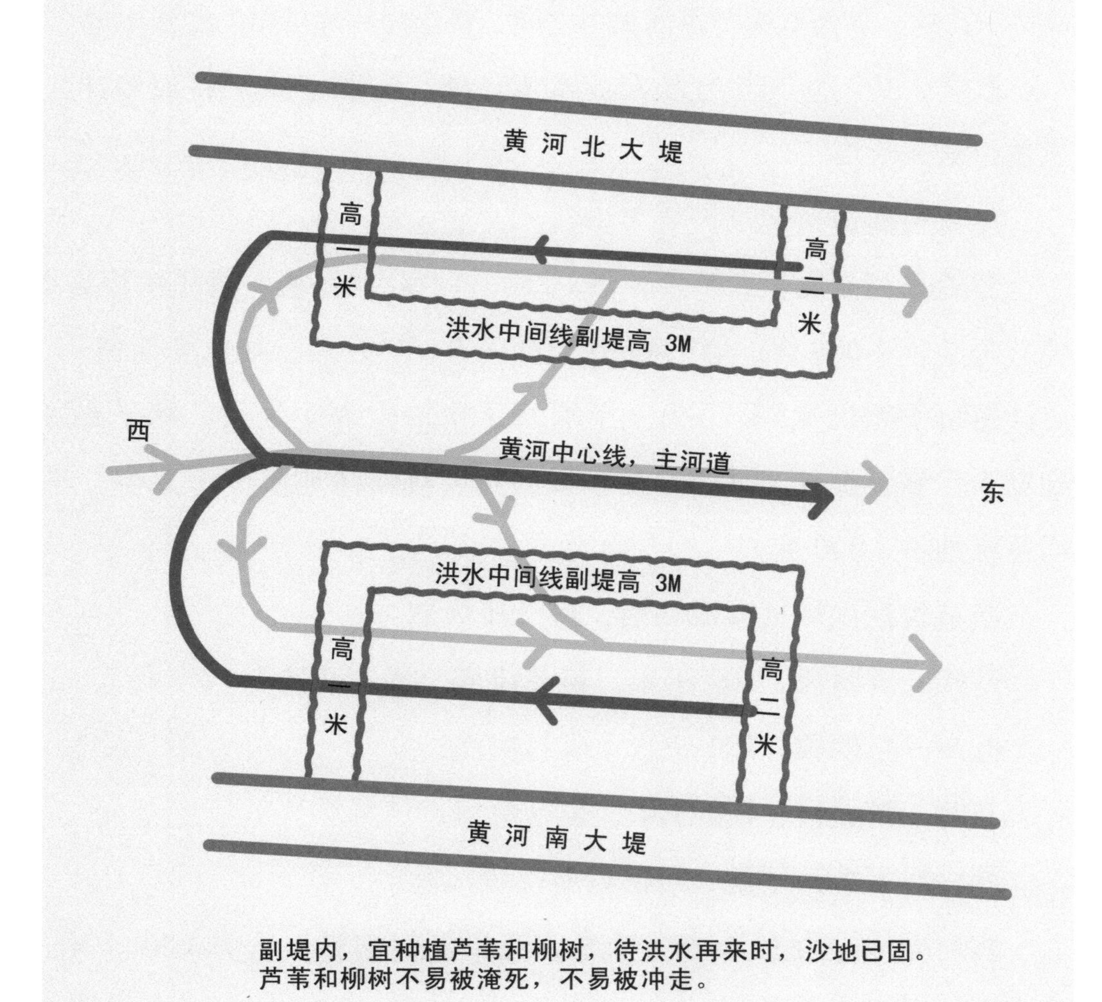

副堤内，宜种植芦苇和柳树，待洪水再来时，沙地已固。芦苇和柳树不易被淹死，不易被冲走。

图 49　钢铁副堤示意图

慢澄清，沙子沉底留下来，水从铁板墙的底下渗透，流回黄河里去。沉底留下来的沙子逐年增高，与铁板墙共同构成坚固的黄河副堤堤坝。

这样，黄河副堤与黄河大堤构筑了第二道防御体系，保障黄河不会决堤。这样，黄河副堤与黄河大堤之间，将出现一片可耕的肥沃土地。

这样，黄河主河道变狭窄，水流加速，有利于洪水将泥沙冲入下游，流入大海。

用铁板建造黄河副堤要多少钱？

建造黄河副堤长5千米，需1 250—1 500块铁板，每块铁板重2吨，每吨价4 000元，合计费用1 000—1 200万元，加上其他费用，总计造价不超过1 500万元，平均每千米造价300万元。建造黄河副堤5千米，造价1 500万元，可得到可耕滩涂地至少1万亩，平均每亩地价1 500元。

建造黄河副堤试验成功后，可分段规划：

郑州—开封段，100千米，最易决堤，优先建造；

开封—东明段，100千米，容易决堤；

东明—鄄城段，100千米，也易决堤；

鄄城以下黄河下游，可能没有决堤风险。

黄河副堤全程合计300千米，两岸同时建造，合计600千米，最多不超过800千米。

黄河副堤全部建成，需要投资：长800千米，每千米造价300

万元，总共合计不超过 24 亿元。投资就可得到肥美土地，国家决策，让市场决定是否建造、如何建造。黄河副堤建成后，可以建造黄河三堤。逐步推进，逐步压窄河道，逐步加深河道，逐步加固河堤，使黄河永不决堤。

黄河钢铁副堤建成 5 年后，由于河道加深，不再被水侵入，钢铁副堤不会因年久锈蚀而倒塌。如果能在副堤内种草植树，定能使其成为名副其实的钢铁副堤。黄河三堤，建成之后长年浸入水中，要考虑建材的强度和耐腐蚀性。玻璃钢可供选择，据说强度强于钢筋，永不锈蚀，国内生产量不大，我为此曾经特地参观了生产厂，据商家说，价格稍高于钢筋。

3. 合理调控黄河下游水量

三门峡水库和小浪底水库，加上中线增加调水，正常情况下，可以有效合理调控黄河下游水量，冲刷黄河下游泥沙。短暂关闭三门峡水库和小浪底水库，黄河下游断流，黄河副堤可以施工。三门峡水库和小浪底水库同时打开泄洪闸门，加上中线调水水量，可合理制造短暂洪水，流入黄河副堤，增加副堤高度和抗洪能力，加速副堤的形成。

4. 建造黄河宁夏湖和黄河内蒙古湖

7 号线调控黄河宁夏段和黄河内蒙古段的水量，当地政府可适当截流，按需取水，自然分段形成湖泊，待沙沉水清后放入黄河中游，减少黄河下游泥沙的流入。黄河宁夏段和黄河内蒙古段，地势平缓，河床低，不会因沉沙造成黄河灾害，即使河床抬高也无害，反而可能造就更多的田地。

（三）黄河水网的形成

水是国家第一战略资源，有了水，国家才能可持续发展，才能长治久安。

公路网、铁路网、航空网、物流网、电讯网，这些网络的形成，极大地提高了网络的效率，极大地提高了网络的使用价值。但是，中国水资源网络的建造不够好：只有地区水网，没有跨流域水网。只有建造好跨流域水网，地区水网才能更好地发挥作用。过去我们没有这个条件，现今我们有了这个条件，就要充分利用好这个条件，将跨流域水网尽早建造好。

构建黄河水网是一项解决中国水资源问题的战略工程。黄河水网、大西线水网、长江水网，以及东北地区的北水南调水网，共同编织成了宏大的中国水网。而南水北调水网、南水西调水网、沙漠绿洲水网分别是长江水网、大西线水网、黄河水网的核心工程。而南水北调水网、南水西调水网、沙漠绿洲水网相互连通，将彻底改变中国水资源的分配格局。

【参阅图 50】

红色，南水北调水网。雅鲁藏布江每年调水 1 000 亿立方米，

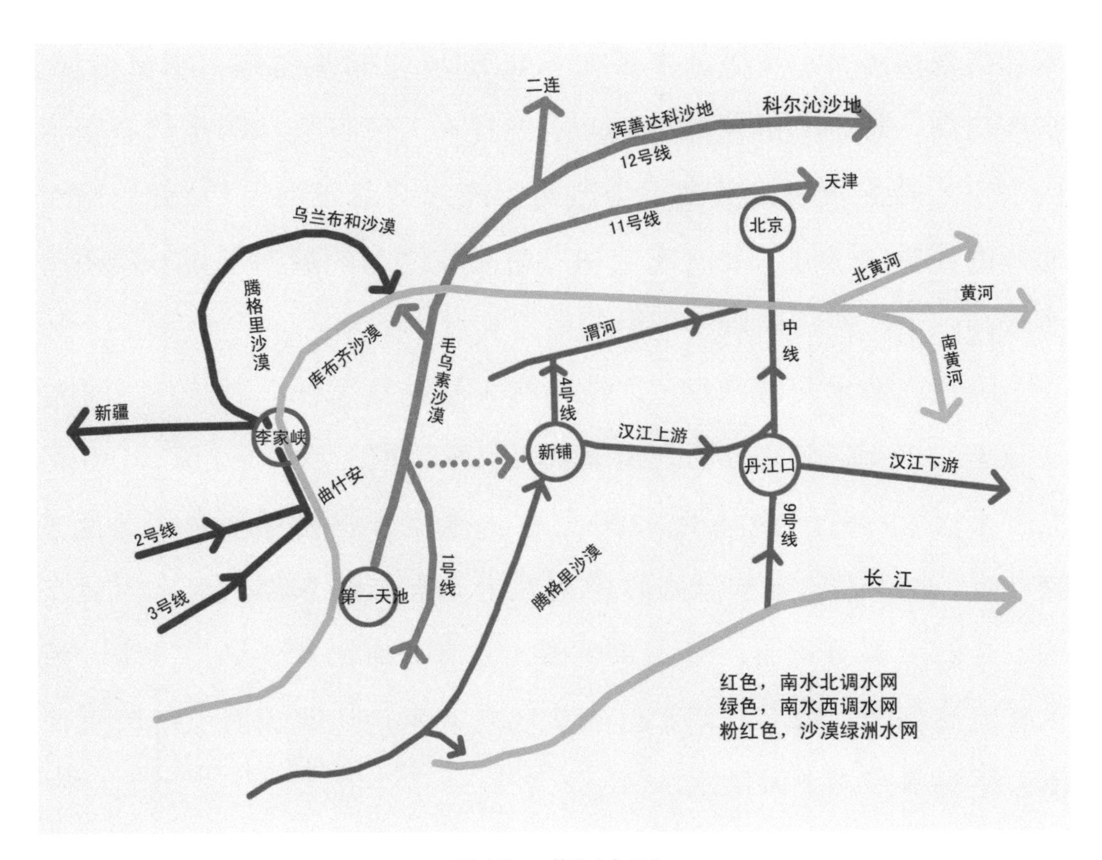

图 50　**黄河水网**

其中 350 亿立方米经新铺分流，250 亿立方米流入汉江和中线，100 亿立方米流入渭河，蓄于三门峡水库和小浪底水库。雅鲁藏布江每年调水 1 000 亿立方米，其中 650 亿立方米流入长江，置换出不少于 400 亿立方米的长江水，经过 9 号线流入汉江下游。南水北调水网，每年北调水量不少于 950 亿立方米，包括汉江水 200 亿立方米。南水北调水网调水方法主要是置换：雅鲁藏布江调水流入长江，置换出长江水流入汉江下游，置换出汉江上游的水流入中线和黄河下游，再置换出黄河下游的水流入“北黄河”。每次置换，水量增加，水质提高，每一方都从中得益。水的置换，使得长江的水代替黄河的水流入黄河下游，黄河下游改道，流入“北黄河”。从此，南水北调的优质水，流入淮河流域和海河流域之间的黄河下游。黄河下游居高临下，按需向黄河下游的南岸和北岸放水。

绿色，南水西调水网。2 号线和 3 号线从怒江、澜沧江、金沙江每年调水 450 亿立方米，经李家峡水库调控，7 号线分流，150 亿立方米流入黄河内蒙古段，100 亿立方米流入腾格里沙漠和乌兰布和沙漠，200 亿立方米流入甘肃河西走廊和新疆东部。南水西调水网，是借用黄河河道，流入 450 亿立方米，流出 450 亿立方米，流入和流出相等，每年西调水量 450 亿立方米。从此黄河上游改道西流，不再必须为下游供水。

粉红色，沙漠绿洲水网。南水西调水网完成后，黄河上游的上段洪水，每年不少于 150 亿立方米，蓄于第一天池，为 11 号线、12 号线提供水量；待南水北调水网完成后，1 号线从雅砻江、大渡河每年调水 100 亿立方米，不再为南水北调水网供水，改经 5 号线流入洮河，为 11 号线、12 号线供水。第一天池蓄洪 150 亿立方米，加上 1 号线 100 亿立方米，总共每年不少于 250 亿立方米。沙漠绿洲水网每年 250 亿立方米，其中 50 亿立方米储备于第一天池，随时可东调，流入南水北调水网，西调，流入南水西调水网，北调，流入黄河上游，南调，经 5 号线倒流，流入白龙江、嘉陵江、长江。

沙漠绿洲水网每年 250 亿立方米，其中 200 亿立方米，为 11 号线、12 号线供水，11 号线济旱京津冀，这样，腾出南水北调水网的水量全部济旱淮河流域、“东黄河”、海河流域；为 12 号线供水，每年不少于 100 亿立方米，灌溉毛乌素沙漠、库布齐沙漠、浑善达克沙地、科尔沁沙地，10 年后，沙漠变成绿洲。

南水北调水网每年调水 950 亿立方米，南水西调水网每年调水 450 亿立方米，沙漠绿洲水网每年调水 250 立方米，总共每年调水 1 650 亿立方米，形成巨大的黄河水网，大自然的伟大，造就奇迹，中华民族必将腾飞！

黄河水网，3 号线从金沙江调出不多于 150 亿立方米；1 号线从雅砻江、大渡河调出不多于 100 亿立方米；中线从汉江调出不多于 200 亿立方米；9 号线从长江调出 400 亿立方米流入汉江下游后再流回长江，不少于 300 亿立方米，实际调出不多于 100 亿立方米。总共合计黄河水网每年从长江、长江支流调入黄河水网的水，不多于 550 亿立方米，6 号线每年从雅鲁藏布江调水 1 000 亿立方米，其中 650 亿立方米流入长江上游，长江调出的水量和调入的水量总体基本平衡。

南水北调水网，调控汉江下游、黄河下游、“南黄河”、“北黄河”的水量，保证汉江流域、淮河流域、海河流域永无旱灾，永无水灾。

每年 6 月，长江三峡水库在洪水到来之前提前泄洪，加上 7、8、9 三个月洪水期，实际泄洪大约 120 天，利用这 120 天的洪水，经过 9

号线、中线、郭庙渠，流入黄河下游，冲刷黄河下游泥沙，也可以流入人民胜利渠、“北黄河”，冲刷海河流域所及地区河道的泥沙。

大规模调运长江洪水，穿越黄河，流入海河流域，要具备如下条件：1. 挖掘中线复线，提高中线调水量；2. 建造7号线，有效调控中下游水量；3. 黄河三门峡水库、小浪底水库空载，能有效调控“北黄河”的水量；4. 黄河下游顺利改道北流，经共产主义渠流入渤海，恢复2000年前的黄河自然流向。

当然，长江洪水能流入海河流域，同样汉江水也能流入海河流域。这样，汉江水通过中线流入海河流域的中部、北部，汉江水也能通过直接穿越黄河，流入海河流域的南部、中部。

长江洪水流入海河流域，不仅灌溉了海河流域，也为长江增加了一条泄洪渠道。

南水西调水网，用黄河上游上段的水，包括2号线、3号线调入黄河上游的水，管控黄河上游中段（黄河宁夏段）和黄河上游下段（黄河内蒙古段）的水量，使其既不缺水又无余水的状态，黄河上游上段的水尽可能西调，流入内蒙古西部、河西走廊和新疆，逐步形成“西黄河”，发展西部经济。

“中黄河”，就是黄河上游中段（黄河宁夏段）和黄河上游下段（黄河内蒙古段），地势平缓，既不缺水又无余水，同时调控使其水量少进少出，时间一长，“中黄河”将逐步形成湖泊，水静沙沉，黄河变清，再少量放入黄河中游、下游，黄河中游、下游的水也将逐步变清。

猜想“中黄河”将逐步变成堰塞湖，到那时，黄河几字湾必将加倍富饶，变成第二个洪泽湖。

“北黄河”，渭河、黄河中游的水量能流入黄河下游，也能流入共产主义渠，流入共产主义渠，流经卫河、漳卫新河，形成“北黄河”。“北黄河”能分流黄河下游的洪水，保证黄河下游不会决堤，同时有利所及地区的发展。

黄河下游，为了便于叙述，今后讨论称其为“东黄河”。

治理水患，主要是疏导，“东黄河”、“南黄河”、“北黄河”，都是按照黄河古今的自然流向疏导，黄河水三路分流，流经海河流域和淮河流域，平缓注入渤海和黄海。

“东黄河”是淮河流域和海河流域的分水岭。“东黄河”的水量由小浪底水库、三门峡水库、郭庙渠调控，水，要多则多，要少则少，“东黄河”将永不泛滥，永不干涸。“东黄河”上数不清引黄灌溉渠，加上“南黄河”、“北黄河”、“东黄河”，三路分流，是不可能泛滥的。

黄河上游和中游，历史上查无泛滥记录，所谓黄河泛滥，指的是“东黄河”泛滥，“东黄河”永不泛滥，就是黄河永不泛滥。

第一天池，海拔 3 430 米，位于黄河和长江的分水岭上，俯瞰黄河、长江两大水系，蓄水几百亿立方米，随时济旱黄河、长江。而且，第一天池，能将水西调、北调，腾格里沙漠、乌兰布和沙漠、毛乌素沙漠、库布齐沙漠、浑善达克沙地、科尔沁沙地能变成绿洲。

黄河分段治理，“西黄河”、“中黄河”、“南黄河”、“北黄河”、“东黄河”，洪水能平稳流入，也能平缓分流，黄河水网形成。

长江是中华民族的父亲，黄河是中华民族的母亲，我们要像爱护生命一样，爱护长江，爱护黄河。

尾　语

改革开放30年，我们具备了下列有利条件：

一、国家有大量劳动力。农业现代化解放出农村大量劳动力，应该让他们发挥能量，赚钱，改善他们的生活。

二、国家有钱，投资水利，一本万利，造福后代。与其到处找投资方向，不如投资水利，更稳当。

三、国家有物，钢铁水泥产能过剩。挖掘隧道的盾构机，中国造的更先进，世界产量的80%在中国。

四、国家有技术，我们挖掘隧道的经验丰富。长江隧道，黄河隧道，过海隧道，城市地铁，铁路隧道，高速隧道，干了几十年，积累了大量的成功经验。中国挖掘隧道的速度，世界第一。

更重要的是：我们有习近平总书记为核心的党中央的坚强领导，高瞻远瞩，敢于创新，有勇攀世界高峰的能力和决心。

现在我们有条件建造黄河水网。

建造黄河水网，主要是挖掘隧道，引水流入黄河或者流出黄河，建造成本看似较高，仔细推算，实际成本比地面调水要低。

首先，隧道调水，不占用土地。地面调水占用土地是永久的，占用土地价值无法估算。

其次，隧道调水，不产生移民。移民成本很高，对国家和被迁移的百姓都是永久的负担，长久的痛。

第三，隧道调水，不必拆毁地面建筑物，包括铁路、高速公路和历史性建筑物等。

第四，隧道调水，调水途中不会被污染，能保证调水的质量。

第五，隧道调水，调水途中不会被蒸发，不会漏入地下，能保证调水的数量。

调水的基本思路是：

一、着眼于全国水网的大战略，逐步建立跨地区的水系连通通道，保证各水系水能够大进大出，保证各水系不发生大的水灾、旱灾，逐步适应变化无常的气候。

二、调水要调优质水。一类水在青藏高原，在大兴安岭，在长白山；二类水在汉江，就是我这本书的计划中所要调的水。

三、调水要调洪水。调洪水，就是化害为利，变废为宝。长江每年洪水至少 5 000 亿立方米，全国每年洪水至少 1 万亿立方米。洪水，是大自然恩赐给我们的最好的东西。我在三本书的计划中要调的水都是洪水。利用黄河两岸的有利地势蓄洪，就是等于把钱放在银行里，需要的时候取出。

四、调水水自流。水贵在自流。所有调水线路的海拔都是自高而下。

五、调水路线要短，尽可能减少费用。

六、调水路线要便于施工，尽可能在已有的交通线旁。

七、调水路线要安全，尽可能避开地震带。

八、广泛征求各学科领域的宝贵意见，尽可能汇聚大家的智慧，尽可能使国家利益最大化。

九、国家批准，市场筹钱。

每天清晨，我哼着我的小调，我的歌：

伟大中华有两条龙，
一条是长江，
一条是黄河，
长江是父亲，
黄河是母亲，
长江黄河手拉手，
中华儿女向前走，向前走！

每天夜晚，我哼着我的小调，我的歌，甜甜入睡，梦想中华富强，更富强！

作　者
2016年8月1日